獲利革命
商業模式
雙贏法

川上昌直

瑞昇文化

前言

快想出新的商業模式……

「我們要改革既有的商業行為！」

「給我想出新的商業模式！」

最近，很多企業員工都曾經遇到董事長或上司發布類似這樣的指示、命令，並且因此而困惑不已。

各位是否也有這種經驗呢？

公司內部常常出現「創造新價值」的企劃，但往往僅止於呼口號，最後無疾而終；又或者，新的企劃總是屢屢失敗；即便提出獨特的意見，也會因為無法預測能否獲利而被駁回。一旦決定採用保守策略，就更不能創造有趣的新事物。

在這種惡性循環之下，大家只能一窩蜂的鎖定曾經火紅過的企劃，看看能不能「搭順風車」或者「炒冷飯」。日復一日，員工便漸漸提不起勁……

筆者是一名企業管理學者，曾幫助許多企業進行經營改革或企業重整。

正因筆者身歷其境，才能深刻了解企業內部的真實狀況。

對症下藥的處方箋——獲利革命

本書假設讀者就是這些屢遭挫敗的員工，筆者希望提供**商業行為的最佳準則——商業模式思考法**以解決讀者的問題。

尤其不在業界頂端的企業，面對頑強的對手，如何才能用不同的方法爭取顧客支持，並且獲得利益呢？

為了解決上述問題而衍生出新的商業行為，這所有相關聯的想法我們稱之為「獲利革命」。也就是說，從既有的企業管理學來思考，對獲利本身的想法不同，那麼獲利的方式也會跟著改變。

筆者之所以選擇與企業一起執行計劃，不僅是因為可以提升該企業的宣傳效果，也是因為筆者希望能驗證，在企業管理學上使用的框架與理論是否禁得起實業公司的考驗。

如此，經過驗證的各種方法形成一連串的商業體系，這個體系就是本書強調的「獲利革命」。

- **不刻意追求獲利，卻又能產生獲利的架構為何？**
- **我們究竟為何追求獲利？**

若能徹底讀完本書，相信各位一定會對「獲利」產生不同的認知。

筆者希望能讓更多企業員工了解這樣的思考方法，所以刻意選擇用故事的方式呈現。

本書介紹的運作框架，均以筆者實際參與各個計畫所得之經驗為基礎。因此，筆者有自信這些方法絕對能夠實踐於真實的商業現場之中。

本書的閱讀方法

在此，我想先告訴讀者們這本書的特徵以及最好的閱讀方法。

首先，本書使用真實的企業為案例。光是了解這些案例，就已經達到閱讀商業模式教科書的效果。**如果沒有時間慢慢閱讀的人，我建議以案例為閱讀重點**。

此外，**本書也會介紹思考方法的理論基礎**。大部分的理論基礎都會整理在章節最後的「**學習重點**」之中，就算跟不上本文進度，只要好好閱讀學習重點，就能順利銜接下一個章節。

如果是已經熟知理論的讀者，請把「**學習重點**」當作複習，並再次確認對理論的了解。

本書最大的特徵，就是以故事的形式呈現。

因此，如何執行計畫、如何建構商業模式，只要閱讀故事內容，就能了解其順序與做法。實際上如何從零開始設計商業模式，本書也會從頭開始一一介紹。

另外，本書中的故事都是改編自筆者經手過的企業真實案例。換句話說，儘管是虛構的故事，可信度卻很高。

請各位讀者想像自己就是主角須藤，把自己公司的產品或服務套用在故事內容中，閱讀效果會更好。

最後，我針對認為空有故事缺乏方法論而無法信服的讀者，在本書的卷末稍作補充。**本書卷末的「解說」當中，除去故事內容，只說明方法及其體系架構。**想先了解商業理論的讀者，我建議先閱讀這個章節。

因為在經營以及教育現場中，深刻感覺到為了強化大家對商業模式的理解，必須從「聽讀商業模式」的角度下手，故我以此為基礎寫下這本書，這也是我第一次挑戰用故事來呈現內容。因為深感某些東西無法光靠理論傳達，所以我才刻意嘗試用故事書寫。

若本書能協助大家提升建構商業模式的力量，我將無比喜悅。願本書能夠成為一個契機，讓大家對於商業行為認知能稍有轉變。

川上昌直

目次

前言

快想出新的商業模式…… 3
對症下藥的處方箋——獲利革命 4
本書的閱讀方法 5

楔子

社長的邀約 17
建構新的商業模式吧！ 19
Leorias 股份有限公司 22
何謂商業模式 24
去書店吧！ 26
商業模式等於獲利架構 28
—學習重點1— 商業計畫與商業模式的差異 31
—學習重點2— 目的是創造顧客價值 34

第1章

顧客價值與產品

產品熱銷的運作機制與顧客任務

備受期待的新星 38

全員集合 39

擅長領域是「跑業務」 40

從未學習過商業知識 42

顧客應得的利益 44

開發部門的清井先生 47

行銷部門的石神先生 49

財務部門的前田小姐 50

供應鏈管理部門的竹越先生 52

緊急召集計畫小組 54

須藤生活中的價值提案 57

顧客任務 59

從顧客價值提案切入 62

須藤的報告 63

左右腦並用的思考框架 68

【學習重點3】顧客決定價值 73

【學習重點4】顧客任務與解決方案 74

學習重點5 Who－What－How 75

第2章 價值主張

價值取決於顧客

令人意外的事實 78
Leorias 的堅持 81
這份堅持背後隱藏著過去的榮耀 83
Leorias 的知名度 86
嘗試把過去的忠實支持者當作目標客群 87
我們的競爭對手是運動品牌嗎？ 89
須藤開始發現顧客任務 91
瘦身鞋的製作方法 94
產品代號：momentum 99
從須藤的報告開始 103
需要解決的問題 105
再次檢視何謂商業模式 106
左右腦並用的思考法 108

片瀨教授來信預約會議時間 110
—學習重點6— 找出顧客任務的方法論 112
—學習重點7— 擴大價值提案，嘗試再次調整既有商品定位 115
—學習重點8— 商業模式的要素 116

第3章 左右腦同時思考

深度分析某公司不斷推出熱銷產品的商業模式

與片瀨教授見面 124
令人意外的一句話 125
片瀨教授的專題討論課 128
開始專題討論 130
模型公司 TAMIYA vs. 出版社 De AGOSTINI 131
MUSEE PLATINUM vs. 除毛沙龍 138
好市多量販店 vs. 折扣零售店 143
片瀨教授的用意 148
分析與開發的差異 152
—學習重點9— 超越競爭戰略論的商業模式思考 154

第4章

商業模式研究室

當顧客價值與公司獲利結合時

再次召集計畫成員 158
全員集合 161
UNIQLO【供應鏈管理部門・竹越先生的報告】 162
北歐雜貨專賣店 Flying Tiger Copenhagen【財務部門・前田小姐的報告】 164
以印表機為例【行銷部門・石神先生的報告】 167
以膠囊咖啡機為例【開發部門・岩佐先生的報告】 169
Google【開發部門・清井先生的報告】 174
Dropbox【業務部門・須藤的報告】 177
LINE【業務部門・須藤的報告】 179
感言 182
「學習重點10」獲利方式的多樣化 184

第5章

B計畫

正因為處於逆境，才能激發出令公司起死回生的大絕招

重大事件 188
沒有研發預算 190
運用既有資產，重新展現產品特點 192
不花錢的行銷手法 194
商業模式研究室 196
惡夢 197
再訪片瀨教授 199
【學習重點11】何謂B計畫 202

第6章

獲利．革新

讓企業與顧客目標一致！

從解決問題的角度重新審視商品 206
顧客的活動鏈 209

Solution coverage 216
收費範圍 221
好萊塢知名鉅片如何獲利 225
社群遊戲 232
《艦隊 Collection》 237
一開始就設想好的計畫與趁勢追擊之間的差異 242
不再「追求售罄」的商業模式 244
【學習重點12】尋找解決方法時，著眼整體較容易奏效 247

第7章
商業模式・創造價值
提供顧客解決問題的方法、確保商品價值！

顧客的目標 250
新產品 momentum 257
顧客的任務 258
Business model coverage 263
從商品開發到銷售計畫 270
檢視所有服務 274

煩惱研究室 276
如何展現不同於替代方案的特點 279
拓展辨識度 282
打造品牌印象 285
保證產品價值 287
價值保證的實例 289
計畫成員的反應 293
徹夜奮戰後的清晨 295
〔學習重點13〕價值保證的有效性 297

第8章 Never Ends. 商業模式永無止盡

向社長報告 302
【須藤的報告】Leorias的問題 303
她們「曾經」是Leorias的顧客 306
【須藤的報告】解決方案 308
處理尚未解決的任務 311

左右腦並用的思考框架 316
商業模式永無止盡 317

終章

momentum 計畫 321
改革獲利結構的理由 324
左右腦並用思考的始祖 326
小惠與須藤 330

解說

左右腦並用的思考框架 334
●未解決的任務必須視覺化：活動鏈 336
●收費範圍 338
參考文獻 342
索引 344

主要登場人物

室伏　禮（41歲）
Leorias社長。為了重整低迷的Leorias，受前任社長之託，5年前便開始擔任常務董事，去年開始任社長之職。

須藤仁也（32歲）
Leorias業務部鞋製品負責人。須藤是運動鞋迷，在室伏的邀請下到Leorias工作，是暢銷商品「Leocoa」的幕後推手。雖然本人毫無自覺，但其實是十分有行銷才能的人。

清井志郎（48歲）
Leorias開發部長。從以前就一直支持著Leorias，是一位製鞋師。對Leorias的愛比任何人都深刻。

石神康藏（45歲）
Leorias行銷部長。長年經手Leorias商品宣傳，是一位滿腔熱血的人。

前田郁子（27歲）
Leorias財務部員工。研究所畢業，才貌兼備的女性，是須藤的助手。

竹越洋介（36歲）
Leorias供應鏈管理部鞋製品組長。個性成熟穩重，對待工作比誰都認真。

岩佐修司（28歲）
Leorias開發部員工。年輕的製鞋師。曾經在外資品牌工作，因為喜歡Leorias而轉職。

小島　惠（28歲）
理髮師。個性天真爛漫，常常在不知不覺中帶給須藤靈感，是一位非常有魅力的女性。須藤的女朋友。

片瀨耀史（40歲）
西都大學　企業管理系教授。須藤購買的商業書籍作者正是片瀨教授，是一位精銳的企業管理學者。

楔子

社長的邀約

「須藤，今天一起吃午飯吧！」

用公司的內線電話邀約須藤的人，正是Leorias社長——室伏禮。

「是，我了解了！那麼我到一樓等您。」

鞋製品業務部的須藤仁也，慌慌張張地回答後，走進電梯。

〈社長很久沒約我吃飯了。到底找我有什麼事呢……〉

創業於1985年的Leorias股份有限公司，是由貿易商出身的井原喜一創立的運動鞋製造公司。在業界當中，是最晚發跡的企業。

總公司距離可以視為大阪中央公園的靫公園很近，位於四之橋商圈。

Leorias至今生產了健身時使用的訓練鞋、跑鞋、籃球鞋等等眾多運動鞋款。其商標「Lrs」出現在鞋製品或T恤、運動裝等產品上，任誰都曾經見過這個商標。

然而，現在已經今非昔比。

現在的 Leorias，很長一段時間沒有推出暢銷商品。因此，20歲左右的年輕人本來應該是品牌支持者，但卻幾乎不知道 Leorias 的存在。

曾為「Lrs」粉絲的群眾，現在已經是40幾歲到50幾歲的熟齡層。

業界相關人士與媒體都認為，在這樣的狀況下，Leorias 已經持續一段時間虧損連連，遲早會撐不下去。

這幾年也頻頻傳出外資企業會併購 Leorias 的消息。

繼創業社長井原之後接手的室伏，為了打破僵局，五年前就以常務董事的身分進入公司。接著，於去年40歲時接任社長職位，截至目前為止領導公司進行各項改革。

室伏在20幾歲時就已經有創業經驗，是非常幹練的實業家。他才花幾年的時間，就讓公司成長至銷售額30億日幣的規模。室伏把井原當作自己人生的前輩，對井原十分景仰，在井原懇切的請託下，室伏出售自己開創的公司，加入 Leorias 的經營團隊。

室伏對最新的經營議題十分敏感，從不怠惰學習新知。眾多議題中，他特別注意「商業模式」這個關鍵字。

室伏認為，自己在 Leorias 執行各種的改革，似乎都濃縮在這個關鍵字之中。

室伏就任社長已經一年。他花了一年的時間，為 Leorias 逆轉虧損回到原點而鋪路。致力於修補與顧客之間的關係、減少過量庫存、重整已經惡化的財務狀況等等。

現在，公司積極出擊，可說是萬事俱備只欠東風，室伏認為應該開始著手核心的商業改革。

建構新的商業模式吧！

室伏與須藤相約在位於公司附近，心齋橋的一間鰻魚屋。

鰻魚屋充滿老店特有的風格，許多穿著正式的熟齡顧客在店內用餐。這是一間在關西地區吸引老饕前來光顧、屈指可數的名店。

「老樣子，給我2份。」

室伏一點完餐，老闆娘就默契十足的回答：「鰻魚飯和烤鰻魚肝對吧！」

室伏身為經營者，24小時不得鬆懈，因此特別注意飲食。為了補充體力，室伏一定會吃午餐。

迅速點完餐後，室伏立刻開口說：

「須藤，差不多該是改變 Leorias 商業模式的時候了。現在所有條件都已經到位了。」

須藤雖然應聲卻尚未理解狀況，因此沒有多說話只是豎起耳朵仔細聆聽。

「我這段期間致力於打造讓 Leorias 能好好迎戰的環境。雖然主要都在改善公司慢性虧損的狀況，但我並不是一個只會削減成本的人。」
室伏的話裡帶著滿腔熱血。
「我本來就不想削減成本，所以一直以銀行協商為主，盡力爭取融資。現在終於完成前置作業了。
接下來，我想建立新的商業模式。這個計畫，就交給你負責。」
須藤驚訝地看著室伏。
「阿室哥，不，社長。怎、怎麼會找我呢？」
「原因啊？你出社會已經第十年了，在我們公司有三年資歷，工作都已經熟稔，在負責的部門也建立好人際關係。而且，你不是從以前就一直說想要改變製鞋業界嗎？」
「是這樣說沒錯⋯⋯」
「那就再合適不過了。你有這些想法就夠了。我希望你盡快開始著手，思考出一個能夠改變製鞋業界的新事業架構，不只是改變產品，獲利架構也必須改變。不過，你得在兩個月內給我一份企劃書，最終目標要在半年內規劃出來。沒有多餘的時間了，我會給你應有的權限，也會準備資金。你意下如何？」
須藤心想：問我覺得如何？室伏是公司的社長，又像是自己的大哥一樣，他親口拜託我，我怎麼可能拒絕啊！

「我知道了。這對我來說也是一個機會，讓我負責吧！」

「這樣啊！那你就盡快安排需要的人手吧！人選交給你決定，你只要給我名單，我會轉告人事部長。」

「感激不盡。」

「還有，你可能會覺得我很煩，不過我要提醒你，我不只是要開發新產品而已，而是要改變今後Leorias的商業架構。我再次重申，這次是包含獲利架構的商業模式大改革，你必須徹底了解後再行動。」

須藤雖然不甚了解室伏所說的「商業模式」究竟是什麼意思，卻還是接下了這個任務。

「老闆，給我啤酒。啊！要不含酒精的。須藤，我們先乾一杯再說。」

真是拿社長沒轍。

須藤在這時候喝下不含酒精的啤酒，覺得味道十分苦澀。

Leorias 股份有限公司

Leorias 搭上80年代後期到90年代前期的女性有氧運動熱潮，開賣有氧運動專用的運動鞋「Leofit」，風靡一時。

當時之所以會熱銷，是因為有「防滑鞋底」這個新功能。

不僅如此，因為外觀設計良好，在休閒鞋市場也備受矚目，一躍成為無人不知的時尚品牌。

此時，繡有 Leorias 商標的T恤等商品熱賣，Leorias 以意氣風發的新品牌之姿登上了市場舞台。

然而，創業人井原十分沉著冷靜。認為有氧運動只是短暫流行，必須推測下一波潮流。井原認為接下來會有一波NBA（美國職業籃球協會）熱潮，很快就指示公司內部開發商品。

如井原所料，95年左右日本吹起一陣籃球風，日本國內出現專業籃球鞋市場需求。

Leorias 與NBA的知名選手簽約，開賣更加合腳的運動鞋「jump・around」。因此，大眾又再度認識 Leorias 這個品牌。

那個時候，日本國內因為泡沫經濟崩壞導致大環境不景氣，卻未對 Leorias 造成任何影響。在

「Leofit」的餘威和「jump・around」的大熱銷下，97年Leorias創下史上最高的銷售收入——３００億日圓的佳績。

Leorias寫下毛利１２０億日圓、稅後淨利36億的亮眼成績。當時，Leorias在籃球鞋市場的知名度幾乎與NIKE並駕齊驅。

然而，好景不常。

業界大廠接連挖角技術人員，導致後續沒有生產出暢銷商品，公司的營收和市佔率節節敗退。暫時只能靠翻新既有商品等策略與其他廠商對抗。

三年後，２０００年的銷售額銳減至１２０億日圓左右，之後幾乎只能繼續販售既有商品與相關產品而已。

就算偶爾嘗試開發新產品，也未能得到市場支持，銷售收入從90億、75億日圓持續下跌。最後，甚至開始出現虧損，直至２０１２年都處於長期虧損狀態。此時，便傳出有可能被外資品牌併購的風聲。

幸好Leorias是非上市公司，因此躲過被強取豪奪的劫數。

２０１０年，銷售收入降至55億日圓，公司大刀闊斧削減成本並進行裁員。就在經營狀況已經跌落谷底的這年，室伏把須藤挖角來Leorias的業務部門。

室伏看好能夠自己發掘問題而後行動的須藤，期待他能為Leorias的組織架構帶來改變。

何謂商業模式

須藤和社長一起吃完午餐後，打算回到自己的座位，經過走廊時 iphone 傳來訊息鈴聲。

「阿仁，你怎麼了？」

傳 LINE 過來的人，是須藤的女朋友小島惠。

須藤和小惠在三年前相識。當時，須藤剛轉職到 Leorias。須藤心想：剛好趁這次機會轉換心情，剪個新髮型改變形象，接下來好好努力認真工作！須藤前往理髮店，負責替他剪髮的理髮師就是小惠。

須藤對小惠一見鍾情，在須藤猛烈追求下兩人開始交往。

兩人已經交往三年。28 歲的小惠是個纖瘦而美麗、個性善良的女孩。

這間理髮店偶爾會有 Leorias 的員工來光顧，所以和須藤交好的員工與上司也都認識小惠。

認識小惠的員工都覺得，須藤配不上小惠。

「小惠，阿室大哥給我一個重要任務耶。」

「該不會是要到國外工作吧？不要啦！（哭）」

「不是不是，是負責 Leorias 的事業改革啦！」

「嗯？好厲害喔！」

因為小惠從事服務業，所以兩人的休假完全錯開。雖然不能見面，但每天都會像這樣找空閒時間用 LINE 聊天。

〈如果沒有這個 APP，我們兩個應該早就分手了。〉

須藤不管是公司還是工作上的事情，都會找小惠商量。

或許是因為小惠天生擁有敏銳的直覺，她常常一語中的而且會給須藤直指核心的建議。有氣質又天真爛漫的小惠，總是能在關鍵時刻拯救須藤。

「不過，阿室哥說要改變商業模式，我還不知道那是什麼呢！」

「商業模式？」

「對啊！」

「嗯……沒聽過耶。」

「是喔！（笑）」

須藤一直以來都專注在跑業務上，因為注意細節又不說謊，不僅業務績效好，也深獲顧客青睞。

須藤的上司常誇他：「你真是行銷的天才啊！」須藤也因此才慢慢了解自己做的這些事情，原來就是行銷。

然而，這次的主題是「商業模式」。雖然有聽說過這個名詞，但到底應該做些什麼呢？

「阿仁，碰到這種情況的時候，去書店逛逛，轉換一下心情如何？」

「書店？」

「我今天是早班，晚上6點就能下班了。要不要一起去逛啊？」

「聽起來不錯耶。那就待會兒見囉！」

傳出訊息之後，回到iphone主畫面。接著，須藤開啟瀏覽器。

商業模式……得先查一查是什麼才行。

須藤在檢索欄裡輸入「商業模式」。出現的關鍵字有：「獲利架構」、「顧客價值」、「流程」、「獲利模式」……

須藤把搜尋到的畫面暫且先複製儲存起來。

去書店吧！

大阪・梅田。

須藤和小惠約在紀伊國屋書店門口。

紀伊國屋是一間很多人相約會合的知名大型書店。

位於阪急梅田車站的正下方，上班日的夜晚總是聚集很多來此地會合的人群。須藤牽著小惠的手，進入書店並朝商業書籍區走去。

「啊！在這裡。」

兩人在眾多以「商業模式」為題的書籍前停下腳步。

「喔！原來有這麼多啊！」

小惠很驚訝地說。

除了商業模式之外，也有許多類似的書籍。

每一本看起來都很難，感覺不容易理解。

須藤覺得室伏好像交給自己一個艱難的任務，突然感到不安。

「小惠，走吧！我覺得頭昏眼花。而且聞到書的味道，我就好想去上廁所。」

「不行啦！反正你就隨便買一本再走吧！什麼都不做的話，是不會前進的。」

小惠說得很有道理。

須藤拿出剛才複製的畫面來看。

「獲利架構」啊……這個感覺應該比較有趣。因此，須藤開始找標題為「獲利架構」的書籍。

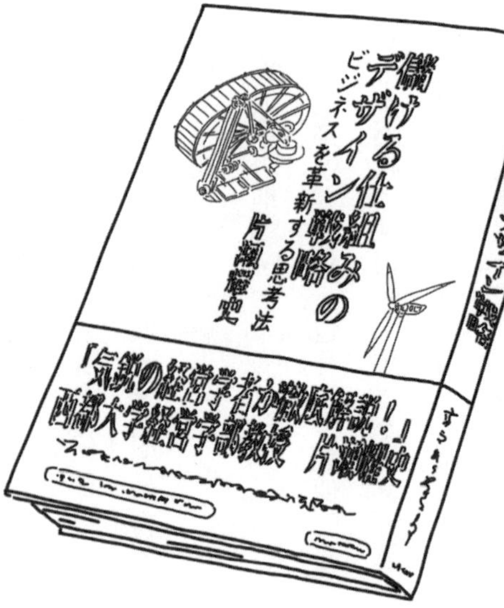

《獲利架構的設計戰略》本書映入眼簾。須藤對「設計」這兩個字很有感覺，便拿起這本書端詳。

書腰上大大地寫著：「專業企業管理學者徹底解說！」

作者是西都大學企業管理學系片瀨耀史教授。作者的職稱雖說令人不禁想敬而遠之，但打開書本卻發現裡面有許多圖解，應該很好懂才對。而且，書中還介紹了許多自己有聽過的品牌實例。

〈這本書或許我有辦法讀懂。好，就決定買這本了！〉

到櫃台結帳之後，兩人前往須藤的公寓。

商業模式等於獲利架構

所謂的商業模式，就是讓顧客滿足、為企業帶來獲利的架構。

須藤趁小惠為自己做晚飯的時候，在客廳快速瀏覽一遍剛剛買的書。話說回來，跟小惠已經很久沒約會了。結果現在還因為自己的事，一回家就讓小惠做晚飯，真是抱歉啊……

話雖如此，若再不多少讀一點東西就完了。

視線離開正在準備晚餐的小惠，須藤繼續把心思放到書頁上。

企業的目的就是滿足顧客。如果說在日常業務中已經達到這個目的，那麼問題就在於「獲利」。日本企業最不擅長的，就是「獲利」這個部分。在日本，商業模式稱為「獲利架構」。

原來如此。用「獲利架構」比較好懂，而且令人感到期待。

等一下，公司的目的，大家不都說是創造利潤嗎？常聽到「營利事業」對吧？那不就是這個意思嗎？

然而，這位作者卻說：「企業的目的就是滿足顧客。」

究竟是怎麼回事？還是先讀下去好了。

我必須先講清楚，請不要把獲利當作目的。獲利不過是企業的限制條件而已。畢竟，不能只讓顧客得到滿足公司卻虧損。反之，也不能只讓公司獲利，而無法滿足顧客需求。

不能只考慮滿足顧客需求嗎？我也是企業的一份子，當然知道必須為公司帶來利益。

不過，這麼說來，我們好像常常都只從其中一個方向思考。

業務部的須藤時刻不忘自己必須滿足顧客。

然而，財務部卻優先考量成本和獲利。即便在同一間公司，也會因為立場不同而從不同的基準思考。

原來如此，所以我們才會常常跟財務部起爭執啊！意思是說，重要的是我們必須互相接受對方的基準嗎？

等一下！

我本來到底要查麼資料啊？啊！是商業模式！越來越搞不懂了。須藤才正要出聲，小惠就說話了。

「阿仁，吃晚餐囉！」

「喔！來了！」

焦頭爛額的須藤，把看到一半的書隨手放在沙發上，然後走向餐桌。

學習重點 1

商業計畫與商業模式的差異

商業計畫與商業模式的差異究竟是什麼呢？

各位可能覺得兩者沒什麼差別，但**商業計畫**（Business plan）與**商業模式**在發想上的細節相異，最終的成果也截然不同。

所謂商業計畫，是定義「商品與服務」，釐清這些商品與服務需要多少道「手續」才能完成。接著，再用「財務」語言翻譯，以能獲得多少利益來呈現。最後，可以製作出一份財務數值預定表。一般而言，跟銀行借錢或者在商業計畫競賽時，這通常會是必須繳交的文件之一。簡言之，商業計畫是以從事何種商品或服務為基礎，描述包含最後能獲得多少利益的一連串流程內容。

商業計畫是既有商業行為的延伸，在訂定明確計畫時，仍然扮演舉足輕重的角色。其目的不只為了融資，為了擴大既有的商業行為，也經常使用在公司內部的計畫說明。因此，其核心包含技術、強而有力的商品，商業計畫的內容主要在描述如何讓這些核心價值商業化。

冒著得罪人的風險，我也必須說：某種程度上，各位可以將商業計畫當作是描述已經確立的商業行為。

另一方面，商業模式的特徵與順序則有別於商業計畫。

商業模式必須先定義提供給顧客的價值為何。價值提案才是設定商業模式的起點。這個部分的重點，在於「**顧客價值**」與其他公司有什麼差別。

接著，必須著眼「**獲利**」，思考該價值提案可以用什麼積極的方法獲利。就算顧客價值平凡無奇，只要獲利方式新穎有趣，外界就會認同是新的商業模式。比方說電視遊戲、智慧型手機或電腦的免費遊戲等，價值提案幾乎相同，但獲利的方式卻各有千秋。

像這樣考量顧客價值提案以及獲利設計的搭配，最後再思考要如何執行整個「**流程**」，才是建構商業模式的順序。

思考商業模式時，必須針對**顧客價值**、**獲利**、**流程**三方面，預想在開始一項業務前，各有什麼關聯性。

建構革命性的商業行為時所使用的架構，就是**商業模式思考**。最近，商業模式之所以成為熱門話題，其原因正是源自於此。

創業人或被稱為創投企業的新興中小企業而言，要如何不按照大企業的規則迎戰十分重要。因此，商業模式思考便獲得青睞。小規模企業有卓越的商業模式規劃，為業界帶來一股新風氣，甚至得以爭奪業界霸權的情形已經發生在現實世界中。

商業計畫的要素

商品・服務（顧客價值）＋執行（流程）＝獲利

綜合上述內容即為商業計畫

商業經營模式的要素

顧客價值提案 × 獲利設計 × 流程

用心關照每個環節，
得以發想出新的商業行為

在這樣的情況下，大企業也必須開始思考商業模式。我想這應該是近期的普遍認知了。

現在，有很多企業在思考要如何用破天荒的手法獲利。如果你也想以不按常理出牌而且別人難以模仿的方式經營，那麼商業模式思考便可以說是您不可不知的常識。

學習重點 2

目的是創造顧客價值

企業的目的，在於滿足顧客。

簡而言之，就是要讓世界更美好。經營者發揮創造力，製造新的產品或服務，讓整個世界邁向更美好的未來。

大家可以回想一下，催生iphone的Apple已故創始人賈伯斯，他不斷透過產品傳達自己「要怎麼樣讓世界更有趣？」的理念。

然而，企業要持續創造讓世界變得更美好的產品，需要金錢支援。

若向**銀行借款（借入資金）**依賴他人，就沒有辦法隨心所欲地做想做的事。那麼，該怎麼辦呢？

沒錯，如我是自己賺的錢，那他人就毫無置喙的餘地。這就是獲利，又稱為**留存收益（自有資金）**。

也就是說，為了滿足顧客、讓世界更美好，公司需要可以自由運用的金錢。

這些資金，是從公司存下每期收益扣除成本後的利潤而來。

商業模式（獲利架構）並不只是讓企業賺大錢，**而是為了讓企業擁有下一次滿足顧客時所需要的資金，而建立的循環架構**。

如何能滿足顧客，又持續獲得維持經營所需要的「獲利」呢？這正是「**獲利架構＝商業模式**」需要解決的問題。

因此，在滿足顧客時，也必須一併獲得企業中的制約條件──「獲利」。或許會有人說：這根本不可能！但我們仍必須同時滿足兩個條件，所以商業模式才會受到大家矚目。

已仙逝的行銷界泰斗西奧多・萊維特（Theodore Levitt）曾經說過：

「企業說到底只有兩個要素，也就是『金錢』與『顧客』。創業需要錢，持續經營需要顧客，為了拉住既有顧客並招攬新客群又需要錢。所以，無論任何形式的企業，都需要『財務』和『行銷』，這是企業不可或缺的兩大要素。……企業……的持續與成功，必須依靠兩種能力，一是用某種方法『提供經濟價值之能力』；二是如何『獲得並維持有支付能力的顧客在需要量以上之能力』。──《西奧多・萊維特行銷論》（第399頁）（譯註：日文翻譯版本書名為《T．レビットマーケティング論》，原文書名《Levitt on marketing》）」

第1章

顧客價值與產品

產品熱銷的

運作機制與顧客任務

備受期待的新星

須藤進入 Leorias 後，便一邊執行業務工作，一邊自動自發地尋找重振公司的方法。他一直在思考，接下來市場會需要什麼。

當時，日本正興起一陣慢跑熱。須藤嘗試思考，有什麼是跑者沒有注意到，但是卻很重要的事呢？

須藤邀請電視轉播馬拉松實況時經常出現的解說員擔任顧問，一起參與開發新產品。

就這樣，成功催生出「Leocoa」這個劃時代的概念運動鞋，只要穿上就能改變姿勢，讓跑步成績更為亮眼。

以「有正確的姿勢才有好成績」為廣告標語，2012年正式開賣。

對 Leorias 來說，創下久違的銷售記錄，在市場中也稍微搶回一席之地。

累計銷售收入5億日圓的商品，在市場上並不算熱銷，但對於銷售收入55億日圓的公司來說，光是一款鞋就能有這樣的成績，已經算是非常驚人。

須藤在製作這款商品時，先從聽取零售店的意見開始。

Leorias 草創時期以高品質的慢跑鞋發跡。慢跑鞋從功能來看，可以說幾乎網羅所有鞋款必須具備的要素。用料理來比喻的話，就像是煎蛋捲一樣。

Leorias 雖然用心製作慢跑鞋，但業績卻毫無起色。

從公司的歷史來看，Leorias 推出的 Leofit 與 jump・around，甚至延伸到日常生活也能泛用的鞋款，基本上都是運用製作慢跑鞋的技術結合趨勢潮流而成。

須藤本來就是一個運動鞋迷，結合慢跑風潮與 Leorias 的發展歷史，再次推出運動鞋。為了實現「具有未來感，人人都想擁有」的跑鞋概念，邀請公司外的顧問來參與企劃，才讓這款產品大獲成功。

全員集合

開發「Leocoa」這款鞋時，為了順利製作新產品，須藤一邊思索企劃的題材，同時也找來各部門的組長加入研發團隊。

成員有開發部的清井志郎、行銷部石神康藏、生產管理部的西浦秀人。當時的計畫負責人，就是時任常務董事的室伏。

成員到齊後，學習會正式開始。

某次，顧問提出：「姿勢正確是所有好成績的起點！」為了把這個概念，放進慢跑鞋裡，必須在鞋底下很大的功夫。

開發部長清井檢視其可行性；行銷部統整新商品的概念，選擇適合的標語、宣傳媒體以及要送至實體店面張貼的海報；生產管理部評估生產量以及投入生產的時間點。各部門通力合作，攜手努力直至商品開賣為止。

其實，當時是第一次召開這種企劃會議。在那之前，Leorias 的做法一直都是由開發部提出「產品開發計畫」，再由行銷部加以解釋、業務部爭取訂單、統整計算之後由生產管理部決定生產的數量。

然而，現在 Leorias 的銷售量銳減，公司面臨生死存亡的危機。

社長室伏為了讓公司起死回生，任命須藤為企劃負責人，就是期待他能夠帶來比上次更大的「影響力」。

擅長領域是「跑業務」

與室伏共進午餐後，已經過了四天。

須藤還沒把《獲利架構的設計戰略》這本書讀完。

一方面是因為工作很忙，另一方面也是因為雖然能理解「顧客價值」，但「同時也要獲利」這個部分，須藤怎麼都想不通。

室伏再度邀約須藤共進午餐。室伏前往以前和創辦人井原常去的拉麵店。可能是因為接近下午2點，過了用餐時間的拉麵店顧客並不多。

「上次的事情，辦得怎麼樣了？你一定已經有所行動了吧！」

「阿室哥……不，社長。」

「神經啊！又不在公司，照平常那樣叫就行了。」

「是的，感謝您。阿室哥，我想必須先了解什麼是『商業模式』才行，所以到書店去買書，調查了一下背景知識。」

「不是在網路上查一查，而是到書店去啊！須藤，你也成長不少啊！」

「感謝您的讚美。不過，我還不是很明白重點。您是想要改變商業模式對吧！我只知道『顧客價值』很重要。畢竟我的工作也是提案型的業務，如果說這就是行銷，我很容易就能理解。」

須藤接著說下去。

「不過，這跟商業模式究竟有什麼關係，我實在搞不懂。」

「這樣啊！你還是自己徹底調查嘗試理解吧！我們公司一直以來只靠製造與跑業務撐下來，沒人知道什麼是商業模式也很正常。我就是有自己的想法才找你來的，因為你是一位很優秀的業務人才啊！」

「我知道了。須藤仁也會化身為海綿寶寶，徹底吸收商業模式的背景知識！」

「海綿寶寶？」室伏忍不住苦笑了起來。

從未學習過商業知識

須藤畢業於東京某私立大學的文科學系，畢業後進入一家從事廣告代理的中堅企業工作。從那時開始，須藤就一直是提案型的業務。所謂提案型的業務，不單純只是販售商品或服務，而是針對特定顧客的狀況，主動提案合適的服務。

然而，自從三年前，轉職到Leorias之後，工作型態變成要將特定商品賣給零售店。

一般而言，這種狀況很容易變成強迫推銷，但須藤活用自己的工作經驗，依現況建議既有商品，這樣的方式讓他在店家也十分受歡迎。

如果是外資品牌NIKE或adidas，不僅會大規模投入新商品，同時也會大肆播放知名運動選手代言的廣告。這種做法，只有大品牌才能執行。猛推製作好的產品，之後就等著顧客來追捧。大品牌的經營構圖，就是重複相同循環，品牌便可以更加擴張。

不過，像Leorias這種中小型企業，不可能用相同手法。須藤只能針對開發部推出的商品，想像適合使用之場景，再向顧客提案。

既有的商品在什麼狀況下、什麼場合能夠發揮最大功能？另外，賣場要做什麼改變？如何呈現商品？標語呢？海報呢？為了讓自家商品能夠賣得更好，須藤宛如店家的「顧問」一樣，提供零售店各種方案。

正是因為如此，須藤經手的每家店舖，Leorias 商品銷售收入都漸漸提升。而且，學習到銷售方法的店舖，除了 Leorias 以外的商品也賣得更好了。須藤和零售店之間也因此建立了良好的關係。

就連幹練的大型零售店長都纏著須藤問：「須藤先生，要用什麼樣的方案才能讓商品賣得好呢？」

「店長，你還真是貪心啊！」

須藤總是邊開玩笑，一邊幫忙想銷售方法。別看須藤表現這麼好，他可是從來沒有好好學過行銷的人。長久以來，須藤都是靠自己的經驗和直覺，再加上商業概念來克服困難。

有跑過業務的人，不管是誰都有1、2次直接聽取顧客意見的機會。在長時間磨練之下，須藤得以緊密聯結顧客需求與自己想法。光是這樣，就已經讓須藤拿出很好的成績。

然而，如果每次都要針對個別產品或計畫想出新點子，總有一天會腸枯思竭，而這時就會需要某種法則或理論。須藤現在也面臨同樣的狀況。

偏偏在此時，室伏又對須藤委以重任。

顧客應得的利益

經過在拉麵店與室伏的一番談話之後，當天晚上須藤又再次嘗試閱讀《獲利架構的設計戰略》這本書。

商業模式的前提，好像是對顧客的價值提案。但是，價值又是什麼呢？須藤繼續讀下去。接著，須藤眼前出現一句話，叫做「顧客應得的利益」。

顧客價值本來就是顧客應得的利益，換句話說就是分配到的利益。每項商品或服務都有價格。購買這些東西的機制（架構），比標價更能讓顧客感到價值。

〈嗯……賣出商品的機制（架構）？〉

須藤更認真地繼續閱讀。

假設，一瓶150日圓的瓶裝水大熱賣。那麼，為什麼會造成熱賣呢？原因就在於顧客認為商品的價值超越這個價錢。在這裡所提到的價值，專業術語稱之為「支付意願（WTP：

圖表 **01** | **何謂支付意願？**

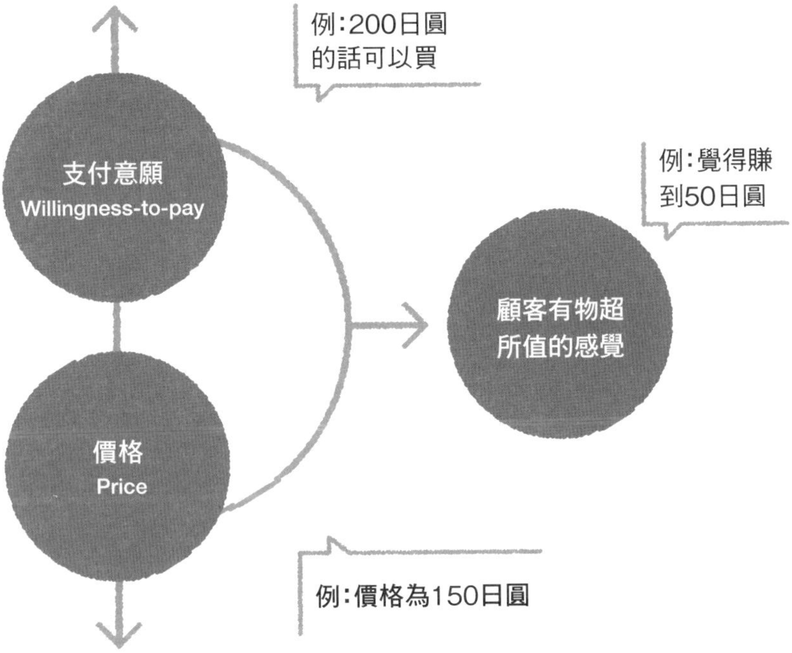

willingness to pay）」。每個人的價值觀雖有些微差距，有人認為這瓶水價值200日圓或160日圓不等，我們暫且假設顧客認為有200日圓的價值好了。現在價格為150日圓，那麼顧客獲得多少價值呢？

這一頁剛好結束，真是一本啟發人思考的書啊！須藤試著想想看答案。

〈應該是顧客自己原本預想的200日圓吧！〉

須藤翻開下一頁。

答案是50日圓。所謂的顧客價值，

就是顧客實際支付金額和顧客願意支付金額（WTP）兩者之間的差距。只要一直出現正差，商品就會保持熱銷。而且，差距越大賣得越好，或者會變成長銷商品。

〈原來如此！〉

須藤不禁拍了一下膝蓋。要賣出許多 Leorias 商品，或者讓商品熱銷，必須先讓顧客感到物超所值啊！比較商品價值與顧客願意掏錢購買的價格，如果價格低於商品價值，顧客就會產生購買的意願。

這麼說來，的確是有親自體會過！須藤發現這與現場收集到的意見可以做連結。於是，他先找到這個章節的結論來閱讀，

顧客價值不是單純的獲利方案，而是必須結合獲利的方法才能明確定義。因此，讓顧客獲得價值是最重要的課題。

〈方案，這樣啊！不同的製造商有不同的產品，每個都必須設計不同的方案。光是這一點，就已經有很多 Leorias 未曾想過的觀念。這必須召集成員，辦個學習會比較好。〉

開發部門的清井先生

翌日早晨，須藤前往開發部門。

「阿清大哥，方便跟您說兩句嗎？」

「什麼啊？須藤，你又在打什麼主意了？」

開發部長清井志郎，20年前曾隸屬Leofit的開發團隊，了解當初產品熱銷的經緯，現在成為開發部長，是開發部總指揮。Leofit之後，推出jump・around時，他也是開發團隊成員，著手開發能包覆腳掌又充滿彈性的鞋底。

以前曾經有過外資品牌的公司來挖角，但是因為清井十分熱愛這家公司，所以一直留在公司裡沒有離開。

清井有著強烈的職人性格，對產品企劃總是卯足全力，因此自尊心也十分強。

然而，公司內部卻一直沒有開發出重要的新想法或者是概念，所以在近期都沒有暢銷商品問世。

清井不胖不瘦，一看就知道是完全沒在運動的「歐吉桑」。平常雖然會開玩笑但也很會照顧後輩，受到年輕員工的愛戴。儘管如此，眼光銳利的他，只要一切換到工作模式，就會變身為「魔鬼清井」。

其實，清井在須藤剛進公司時，覺得他「不過就是個喜歡運動鞋的小鬼，竟然仗著常務的寵愛混進公司！」對須藤沒什麼好感。

然而，在須藤經手「Leocoa」以後，清井就甘拜下風了。

「其實，社長給了我一個大任務，說是要改變今後 Leorias 獲利架構……」

「啊，這這件事情我已經聽說了。須藤你還真是背負了一個沉重的責任啊!但這不是很好嗎?然後呢?」

須藤告訴清井，今後必須改變 Leorias 的「商業模式」。

「目前，我還在學習什麼是『商業模式』，不過，我想這需要每個部門的人都來參與，規模會比 Leocoa 的時候更大。我希望清井大哥務必參與這個計畫。」

「原來如此。我剛好手邊的工作告一段落可以參加。」

「太謝謝您了。我會協調會議的日期。啊!請您帶一位年輕的成員來參加喔!」

「知道了。我會帶個機靈的年輕人過去。他是不久前剛進公司的員工，叫做岩井，你們應該還沒見過面吧?他是一位優秀的人才喔!」

行銷部門的石神先生

「石神先生，最近好嗎？」

「啊，是須藤啊！哪有什麼好不好的啊！沒有暢銷產品，我閒得要命。」

這位男子半開玩笑地說出不中聽的話。頭髮用定型液仔細整理過，滿臉不悅卻長得不錯，宛如《LEON》雜誌當中會出現的模特兒，是很受女員工歡迎的大帥哥。他是Leorias的行銷部長石神康藏。

在Leorias石神和清井一樣都是老員工，見證了暢銷產品的興衰。這家公司的行銷部門，工作內容基本上等同於構思廣告與標語等等的宣傳部門，並不負責市場調查等工作。

石神從須藤在廣告代理商工作的時候就已經共事過，相識已經十年左右。當時就是因為石神看好負責Leorias的須藤，才把他介紹給室伏。

「那個……其實我……」

「啊！我聽阿清說過了。」

「消息真靈通啊！大家耳朵也太靈了吧！好可怕。」

「嗯，所以你是要說專案小組的事情是吧！Leocoa的總舵手須藤先生親自出馬，我們怎麼能拒絕呢？」

「那事情就好辦了。我之後會再與您聯絡，接下來就麻煩您了。」
「知道了，我等你。」

財務部門的前田小姐

接著，須藤前往財務部。
他在路上攔下年輕的員工前田郁子，兩人站著就聊起來。27歲的前田，容貌美麗，畢業於會計學研究所，三年前才進入這家公司。
大學時代曾擔任救生員，體型健美。外表很像模特兒，看不出來是在財務部工作。儘管如此，她卻沒什麼男人緣，頭髮總是用橡皮筋束起來，妝容也走自然風。
前田雖不知Leorias過往的全盛期，但母親曾是Leorias的忠實支持者，所以對Leorias產生興趣前來應徵。室伏剛好當時想召募幹練的財務人員，所以注意到前田並決定聘用她。
剛到職的時候，前田一度擔心自己是不是進了一間財務狀況很危險的公司，但在Leocoa熱賣之後，她也對公司產生深厚情感，也更積極工作了。
「對了，前田妳認為公司的獲利情形如何？」
「為什麼突然這麼問？」

「沒有啦！就是社長要我想辦法改變商業模式，但最後還是和獲利方式有關係。說實話，我也不是很明白。」

「啊，我聽說了。真是辛苦你了。總而言之，就是要重新調整公司的商業行為對吧！不過，須藤先生了解這方面的工作嗎？」

「還真是不給面子啊！不過，妳說得沒錯。論跑業務我是專家，但商業行為就完全是兩回事了。總之，我調查了一下商業模式，發現所有基礎都建立在顧客價值提案上。我想社長應該也是因為這樣，才會指定讓我負責。但是就像妳說的一樣，這是整體企業的問題啊！如此一來，一定會涉及獲利，那我就更搞不懂了……」

「社長想改變獲利架構對吧！我到這個部門之後，社長也常常跟我提起這件事。不過，社長之所以沒有把這件事交給財務部負責，一定是因為這並非削減成本就能解決的問題。嗯……應該是讓公司徹底大改造這種令人興奮的計畫吧！就像回到我媽曾經著迷過的年代一樣。」

「果然妳也是這麼想啊？但是商業模式對我來說門檻太高了些，自學還是有一定的極限。」

「也是，因為須藤先生是右腦型的人，凡事憑直覺、人又單純，至今還在看《寶島少年》，實在很孩子氣呢！你一定對這種為世界帶來新方案的計畫感到興奮不已，所以才會被社長選中。」

前田刻意正色道。

「妳怎麼又褒又貶啊！不過，我倒是不覺得討厭。妳啊！還真是不可思議。如妳所說，我正在重新思考，『企業是從提案給顧客開始』這件事。」

「進行到財務這一塊的時候，可以隨時來找我商量。」

「就知道妳會這麼說。擇日不如撞日，明天有時間嗎？」

「什麼？明天嗎？」

「對，下午2點到第二會議室來吧！我已經跟你們的部長大山先生說過了，沒問題吧？」

「什麼啊！一開始就打好如意算盤了。這根本是強迫中獎嘛！我會乖乖地參加，但是要請我吃心齋橋那家有名的炸串料理喔！」

「炸串料理？妳的嗜好還是一樣古怪。我答應妳，那之後就萬事拜託了。」

交代完畢，須藤便走出財務部辦公室。

供應鏈管理部門的竹越先生

接著，須藤前往氣氛最沉重的部門。

須藤就是前往統領生產管理的供應鏈管理（SCM）部，去見鞋製品負責人竹越先生。竹越洋介，是SCM部負責鞋製品的組長。

為了磨練自己的技藝曾經前往中國，去年回國接任西浦先生的組長職位。

竹越認真的性格，從外表上就明顯展現。未婚、長相不起眼，總是板著一張臉埋頭工作。喜歡讀《目標》、《被討厭的勇氣》等書，是一個喜好孤獨的男人。

訂單數量確定後，竹越會依照日程生產商品，負責交貨、分配商品等工作。常用電話處理中國的訂單，在中國待了一小段時間，聽說已經學會中文。因為負責物流，所以幾乎和須藤沒有交集。個性嚴肅，是個開不起玩笑的人。

竹越不是能開玩笑的人，須藤因此備感壓力。

而且須藤的 Leocoa 計畫開始時，竹越不在日本。當時，由前任的西浦負責，不過半年前西浦已經被競爭對手挖走了。

「竹越先生，那個……」

「什麼事啊？須藤先生。」

「其實，Leorias 的商業模式……」

「啊，商業模式的事情啊！我也聽說了。我自己認為，這應該要改變生產體制，徹底調整成本架構。」

「啊，調性有點不同。總之，我想先組專案計畫、辦個學習會，竹越先生您能出席嗎？」

「我？我雖然是這個部門的負責人，卻還沒有跟須藤先生共事過。」

「社長十分重視這次的計畫……」

「你都這樣說了，我也沒理由拒絕。」

「感激不盡。那就麻煩您明天下午2點，來第二會議室參與會議。」

須藤說完時間地點，逃命似地飛快離開SCM部門的辦公司。

緊急召集計畫小組

翌日，須藤聯絡的五名成員都來到第二會議室集合。

開發部的清井、行銷部的石神、財務部的前田、SCM部的竹越，還有一位沒見過的年輕男性也在場。他是清井帶來的年輕員工——岩佐修司。

「須藤啊！我幫你介紹一下。這位是從外資品牌跳槽過來的岩佐。說是因為喜歡Leocoa這款產品，從外資品牌轉來我們公司，是個怪人對吧！在業界已經是第六年，現在28歲。請其他成員也多多指教啊！」

清井介紹完之後，這位外貌中性，宛如傑尼斯成員的美男子開始自我介紹：

「我是岩佐。請大家多多指教。我上一份工作也是產品開發，聽過很多有關須藤先生的傳聞。」

岩佐說完露齒一笑。

「我才要請你多指教呢！你好，我是須藤。」

須藤正色對五名成員說：

「各位 Leorias 的核心成員，感謝你們今天撥冗前來。」

「這麼見外的開場就免了，快說重點吧！」石神馬上插嘴。

「好的。各位，內容就跟公司內部的傳聞一樣。我們又要再次重現，像研發 Leocoa 那樣的事情了。」

「原來如此，颱風眼須藤要出動了啊！」清井說。

「這次的主題是要改變獲利結構。社長給我的任務是『改革商業模式』，我自己單獨行動一定辦不到，所以才會請大家來幫忙。」

「原來如此。所以簡而言之就是要再推出一個熱銷產品囉！」石神問。

「嗯，也算是這個意思，但不光是這樣而已。所謂商業模式，是要靠整體架構來擴大獲利。因此，我們必須比以前更深入挖掘顧客所需的價值與公司的獲利之間的關聯。」

「喔！那要我們怎麼做呢？」石神問。

「首先，為了瞭解這個概念，我想大家一起參與很重要。我是業務，可以和零售店站在相同的立場傳達商品的價值，但是在這之前，我們必須要先定義什麼才是『必須傳遞的價值』。我希望我們可以一起決定。」

「不過，這不是和開發 Leocoa 的時候一樣嗎？有什麼不同嗎？」

「老實說當時我只是從潮流中挖出一個亮點，幸運碰上慢跑風，又剛好與產品調性吻合而已。」

「這麼說來，好像也是啊！」清井接著回應。

「但是，這次就不一樣了。徹底改變 Leorias 的商業行為，與其說是要製作產品，不如說是打造商業行為的基礎。大概是這種感覺。」

「雖然我不是很懂，但我也認為的確必須改革。畢竟，再這樣下去 Leorias 在財務上勢必崩盤。有可能被外資證券投資基金買走，甚至是破產倒閉。其實，在金融機構工作的研究所同學，有和我說過這件事。」開口說話的人是前田。

「不是吧！我們公司，已經這麼嚴重了嗎？」石神忍不住插嘴。

就算聽到這些話，ＳＣＭ部的竹越仍然毫無表情，他是個很冷靜的男人。

「其實，剛剛前田說的事，我也時有耳聞。社長也有告訴我向銀行融資的事情。社長的意思是，我們必須趁現在打造全新的商業基礎。或許，這是我們最後的機會了。」

「原來是這樣啊！我知道了。反正事情差不多就是這麼嚴重，對我們來說這件事遲早都要做。接下來要討論該如何開始，對吧？」清井搔著頭說。

「是的。這次也邀請財務部的前田加入，獲利架構方面的事情，有她在我就放心了。這次不只要開發產品，也要開發商業模式。賭上公司生死存亡，趁 Leocoa 銷路還不錯時，必須趕快改革商業模式。」

「須藤，我了解了。但是，我們要怎麼開始呢？」
「好問題。我想目前只能照教科書走，所以我先把書買來了。」須藤說完，便拿出《獲利架構的設計戰略》給五名成員看。
「這次我想嘗試不要依賴直覺，就照這本書寫的方向走。因為書中有清楚描寫順序，所以我想照著做應該沒問題。剛開始最重要的就是『顧客價值提案』，大家先了解這個部分，我們再來交換意見，你們覺得如何？」
當然，並非所有人都認同這個做法。但是，依照Leorias的現況已經沒辦法再猶豫。對須藤的提議，大家也只好靜靜地點頭。
須藤把事先買好的書發給大家。
「先看『顧客價值提案』的部分就可以了。下周這個時間之前，請先讀完並且理解這個部分的內容吧！」

須藤生活中的價值提案

這天，會議延長所以須藤很晚才回家。
因為太過疲勞，完全沒力氣做晚餐，只能在便利商店買個便當回家吃。

須藤從學生時代開始，長年過著獨居生活。小惠雖然偶爾會來，但也是一週一次左右而已。雖然不是特別愛乾淨，但還是會保持環境整潔。畢竟，母親是這樣教育他的。

話雖如此，須藤其實沒什麼時間打掃，而且覺得打掃很麻煩，導致家裡的吸塵器佈滿灰塵。須藤後來購買了 iRobot 的自動吸塵器 Roomba，可以沿著房間的形狀自動打掃地板，是一台「打掃機器人」。

話說回來，我當初為什麼會想買呢？

愛乾淨的小惠買了 Dyson 的圓筒式吸塵器。只是，她似乎也沒有體力和精神每天吸地板。早出晚歸的理髮師，必須注意使用吸塵器的時間，以免造成鄰居困擾。所以她只有在假日或上晚班的日子，趁白天的時候才能使用吸塵器，大概每隔三天會徹底打掃一次。

一樣是吸塵器，為什麼兩個人會做出不同選擇呢？

了解這一點，不就等於了解這本書裡說的**「顧客價值提案」**嗎？須藤直覺應該是這樣沒錯。

「打掃這個關鍵字雖然一樣，但兩人的選擇卻完全不同。這是因為兩項商品的價值提案完全不同，目標顧客也就隨之改變嗎？」

須藤不自覺地說出口。

原來是這樣！如此看來，我至今所做的業務工作、跟競爭對手產品的區分，都可以說得通了。為何 Roomba 和 Dyson 可以同時並存呢？

抱持著疑問，須藤拿起那本書繼續讀下去。應該可以找到能夠回答這個問題的關鍵才對。

顧客任務

須藤閱讀後，找到一句令人在意的話，因此陷入沉思。

人為什麼會買東西？

「為什麼呢？」須藤喃喃自問。

那是因為有任務要解決。

「任務？」

抱著隨時懷疑的精神，須藤看書時幾乎是一句句地自問自答。

對了。之前，瓶裝水的例子裡，作者也說顧客不是因為想要水才購買。這個狀況當中，「顧客任務」是指「口渴想喝水」吧！然後，針對這個問題，顧客願意支付多少錢，就可以決定商品的價值……原來如此！

須藤在自問自答當中，漸漸深入理解內容。

接下來讀到後面的內容，也十分有趣。

需求這個單字，根本是在妨礙新的顧客價值提案。

「什麼啊？亂說一通。」

須藤單純地這麼想。畢竟，須藤的工作總是會談到「需求」，而且上司也一直告誡須藤這很重要。然而，這卻會阻礙思考？究竟怎麼回事？

需求是指商品已經有一定程度的明確形象，顧客對此有購買欲望。如果是前所未見的東西或者替代品等，不要說企業了，連顧客本身都不知道。因此，不從需求面而從『任務』面來觀察，至關重要。因為有任務就會產生需求。

「的確，好像是這樣沒錯。」

但是，用問題這麼模糊的概念來描述，真的正確嗎？須藤仔細尋找相關的內容，把重點挑出來閱讀。

任務當中結合了顧客當時的狀況。譬如說「想輕鬆地做〇〇」、「想詳細地查詢〇〇」等等的狀況。

如果是前者，那就是指目前為止都還沒有使用某項商品或服務的顧客群。譬如「想輕鬆地連絡朋友」這項服務已經很普及了，但可以推出規格簡潔的熟齡專用手機。另一方面，如果顧客「出門也想詳細查詢資料」，那麼智慧型手機就勢必會有需求。

原來是這樣啊！問題當中還結合顧客各種不同狀況。想輕鬆解決的人、想詳細查詢資料的人，甚至不需要這些服務的人等等，依照狀況可以區分不同客群啊！

這麼說來，Leorias 一直都只針對「熱衷運動的人」或者「喜歡參與體育競賽的人」來設計商品。原來，我們一直用類似的品牌形象在與 NIKE、PUMA 競爭。

如果我們想要提升銷售收入，那麼就必須增加喜歡運動的客群，但在少子高齡化的情形下，人口只會漸漸減少。這對整家公司，不，全世界的所有業界來說，是個大問題啊……

顧客為了解決「任務」，才會僱用產品或服務。絕對不是因為想要商品而購買。

原來如此，不是「購買」而是用「僱用」來思考啊！如果從這個角度思考，視野和想法就會更寬廣。放眼 Leorias 的未來，考量顧客的狀況，就能連結到商業模式。須藤心中對商業模式的理解開始萌芽。

回過神來已經過了一個半小時左右，須藤如飢似渴的閱讀這本書。

須藤不經意地望向放在房間裡的 Roomba。

「需要解決的問題啊……如果是我的話……等等，我知道了！」

須藤突然從印表機抽出一張 A4 紙，在紙上畫起圖表。圖表標示小惠使用 Dyson 吸塵器的頻率以及須藤自己每天使用 Roomba，再加上須藤發想的「房間清潔度」等要素。

用這種方式思考的話，不就能設計出 Leorias 新的商業模式嗎？不然至少也可以完成顧客價值提案吧？

「下次開會的時候跟大家分享吧！」

從顧客價值提案切入

距離上次開會已經過了一週，六名成員又再度聚集於第二會議室。須藤率先開口說話：「所謂的顧客價值提案，就是找出顧客需要解決的問題，並且思考適合的解決方案對吧！」

須藤接著說：「但是，回顧 Leorias 的作法，我們一直想製造能暢銷的商品，卻總是失敗。也因為這樣變得很焦躁，我發現大家都專注在想要做出很棒的產品。也就是說，我們只關注產品本身，根本就不可能滿足所有顧客。其實，即便是相同的產品，只要明確地改變提案，也能讓其他客群滿意。針對這個概念，我想跟大家分享我的心得。」

須藤的報告

「我是看著家裡每天都在運作的打掃機器人 Roomba 才想通的。為什麼我不是買普通的吸塵器，而是買了 Roomba 呢？又為什麼我的女朋友不是買 Roomba，而是買了 Dyson 吸塵器？我知道我們都不是因為想要吸塵器而買吸塵器，而是因為必須解決掃地這個任務，不知不覺中產生了『我想要吸塵器』之需求。

然而，其背後的原因是『必須掃地』。而且，我和她的狀況不同，所以我們各自選擇了兩種截然不同的產品。她選擇 Dyson 吸塵器，是因為她『非常愛乾淨』。她會為了讓房間更乾淨，而選擇用可以打掃每個角落、吸力強的吸塵器。有打掃問題需要解決的人，在電視上看到廣告主打『吸力不變的吸塵器』就會被吸引，然後成為一股風潮。」須藤報告得越來越起勁。

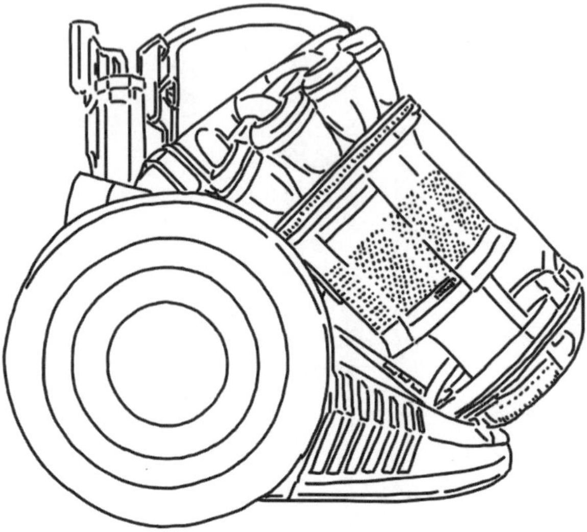

「對她而言，這種吸塵器才是最好的解決方法。但是，她三天才打掃一次，大概就是稍微有點髒的時候，用 Dyson 一次打掃乾淨。

相較之下，我的情形又是如何呢？我是過著獨居生活的男性，常常去小酌一杯，每天都很晚才回家，白天很忙無法打掃，而且也懶得打掃。話雖如此，不打掃馬上就會變成『垃圾屋』，我也沒辦法接受。

這時候我在網路上看到 Roomba，就決定購買了。其實我根本不知道它的清潔能力。機器人會依照房間的形狀打掃，但是可能沒辦法像人一樣每個角落都不遺漏，以吸塵器來說，吸附力也不是特別強。

然而，Roomba 對我而言卻是解決問題的絕佳方法。它有定時功能，到了設定的時間

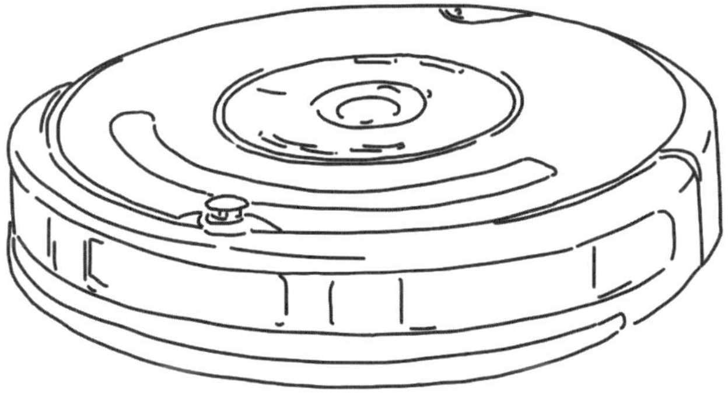

點，就會自動開始掃地，掃完就回到充電位置待機。也就是說，它會自動幫我掃地。買了Roomba之後，愛乾淨的女朋友也覺得我房間的整潔度達到合格標準。

Dyson比一般的吸塵器功能更強，可以吸得更乾淨。假設清潔度的滿分是100，那麼她使用Dyson大約可以達到98分。

不過，Roomba無法打掃各個角落，只會大致清潔一下。Roomba打掃過之後，感覺大概是達到80分左右。因為我覺得打掃很麻煩，所以能做到80分就夠了。但對我的女朋友而言，卻是不夠的。

那該如何是好呢？不管Dyson可以吸得多乾淨，隔天清潔度就會降到85%。請看這張圖表，這是我自己計算後畫出來的圖示。

用Dyson打掃之後，隔天的清潔度為83．

圖表 02 打掃的循環

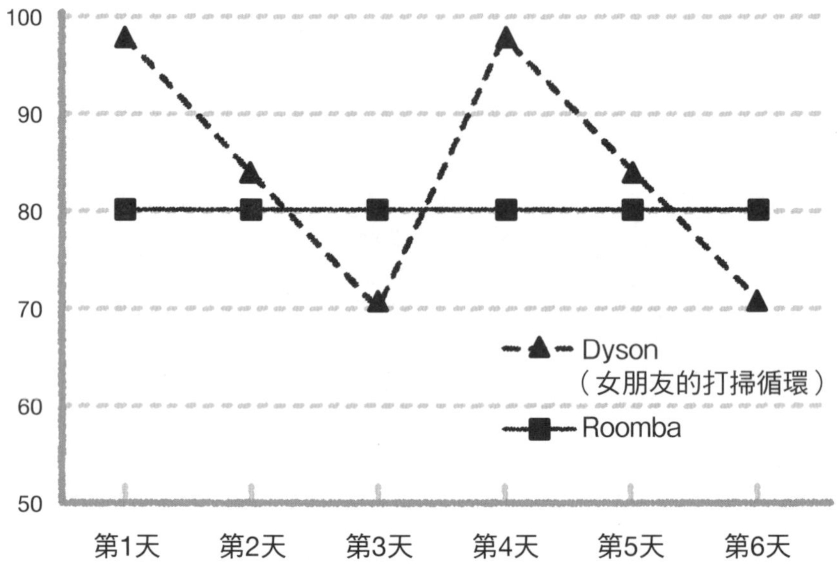

3分（＝98的85％），再隔一天就是前一天的85％＝70．9分。小惠在這個時間點使用吸塵器，所以隔天又會回到98分，之後就重複這個循環。

而我的Roomba，會在白天設定啟動，不怕打擾鄰居，每天自動幫我打掃。這樣一來，房間可以保持有80分的整潔度。

哪一種比較好，端看顧客必須解決的任務是什麼。從任務的方向來思考，就能這樣分析。我感到興奮也覺得很有趣。出發點並非產品，而是顧客的任務。有趣的商品能在市場上共存，就表示我們和競爭對手也有共存共榮之道……我的報告就到此為止。」

聆聽報告的五人都表示同意。

須藤繼續說：「所以，我想我們與其針對廣大的消費者，不如鎖定特殊目標客群，並找出這群人『顧客任務』。然後再針對目標客群，傳達『生活中有這項商品＝有價值』。我認為應該如此行動。」

成員獲得「顧客價值」與「顧客任務」兩大新觀點。

在會議快要結束之前，財務部的前田開口發言。

「那個……須田先生。」

「怎麼了？有什麼問題嗎？」

「我已經了解顧客價值提案了。但是，你難道不覺得遺漏了一個重點嗎？這次的計畫中，顧客價值雖然也很重要，但在那之前，更應該先了解如何獲利。若非如此，我參加這個計畫就沒有意義了。」

會議室瞬間陷入沉默。

「我覺得我之所以必須參加，是因為你們需要獲利相關知識的夥伴。」

「當然是這樣沒錯。」

「改變顧客價值和獲利，才能進入商業模式的議題。所以我先把這本書全部讀過一遍了。書中有介紹一些有趣的概念。因為我是財務專業的人，對獲利等概念的理解比較快。這些概念對我而言很有說服力，因此我想結合顧客價值提案，讓大家也能用這些概念一起思考。畢竟大家比較不擅長和錢有關的主題對吧！」

「嗯，確實如此。」

「為了讓大家不要排斥這個主題，我自己先整理了一遍。為了讓大家馬上就能深入了解，接下來可以由我來報告嗎？」

「當然，大家時間上沒問題吧？」

大家都點頭表示同意繼續。

「那麼，就有勞郁子老師了。」

「咳，剛剛須藤先生已經講過顧客價值提案。這本書還有談到除了顧客價值以外，獲利會從何而來。書中清楚描述獲利來源，並且提供能將獲利來源視覺化的概念——左右腦並用的思考框架。」

左右腦並用的思考框架

「左右腦並用的思考框架，就是同時運用商業模式的兩個關鍵：主掌顧客價值的右腦思考以及主掌獲利的左腦思考。以書中的見解而言，**必須在右腦（顧客滿足）與左腦（獲利）雙方並用的思考之下，才能產生獲利架構**。熱情（右腦）和冷靜（左腦）交互運作、思考，才能夠獲得成果。」

其餘五人靜靜地聆聽。

「在顧客價值的部分，第一個碰到的問題就是顧客不會自己貼上來。再者，就算有了顧客，沒有獲利企業也不能成立。直觀而言，藉由思考對方的狀況來刺激腎上腺素是屬於右腦派的工作，我認為比較適合行銷的人。業務、行銷或者像清井先生這樣擁有職人性的開發型人才，我想大多偏向這種類型的思考模式吧！相較之下，冷靜地關注獲利就是左腦派的工作。財務部的人，大多是這個類型。像是努力學習商業簿記或會計，目標是要成為稅務師的大學生等，這些人也幾乎都是左腦派。除此之外，像竹越先生需要嚴密計算製造成本的人也是同類型。」

前田繼續說明。

「企業需要這兩種思考模式同時運用。此時，能幫助我們達成目標的方法就是『左右腦並用的思考框架』。顧客價值在右、獲利在左，分別提出三個問題。這三個問題就是誰（Who）做什麼事（What），然後要如何做（How）。

依照這本書的描述Who－What－How是定義企業方向很有名的問題，但是把這個方法分別投射在思考顧客價值與獲利上，就是『左右腦並用的思考框架』的特徵。」

「原來如此。」清井喃喃自語。

「最有趣的是只要回答六個問題，就能學會左右腦並用的思考框架。從哪個問題著手都可以，我先用排在右邊的開始。右邊是關於顧客價值的問題。第一個問題是『鎖定處理哪一類任務的顧客？』注意不是需求，而是須處理的任務。第二個問題是『要向顧客提出何種處理方案？』商品必須包含解決顧客任務的方案。而第三個問題，就是要清楚彰顯公司的方案『與替代方案有何不同？』這裡面包含標語與價格設定等細節。

接著，我們看左邊。左邊是針對獲利的問題。第四題是『從誰身上獲利？』相對而言，劃分出無法獲利的客群也很重要。第五題『靠什麼獲利？』相同地，只要清晰地劃分出無法獲利的商品或服務，答案就明顯浮現了。最後，第六題『在什麼時間點獲利？』購買時收取費用？還是販售後收取費用？根據狀況不同，也有可能在販售前收取費用。」

「原來如此。也就是說，只要回答這六個問題就可以了。是吧？」石神問。

「石神先生，這是個好問題。其實這個方法不只是回答六個問題而已，還要確認答案以及各個環節的整體性。而且，有趣的是如果我們能提供不同的方案以及獲利方式，具有高度獨特性，就更能建構有別於其他公司的商業模式。在這本書中，這種方式稱為『加法』。」

「『加法』啊？雖然還不是很了解，不過很有趣呢！」石神興致勃勃。

「如果使用這個方法，公司不只能在行銷上成功，也能擺脫依靠收費方法取勝的泥淖。左右腦並用的思考框架，重點在於把企業的定義，從顧客提案擴大到收費的部分。

藉由這一點，即便在同質化之下無法靠顧客價值提案的差異取勝，也可以用收費的差異產生新的商業模式。作者提到，現在已經有企業革命者藉由推動顧客價值提案以及收費差異化，試圖從

圖表 03 左右腦並用的思考框架

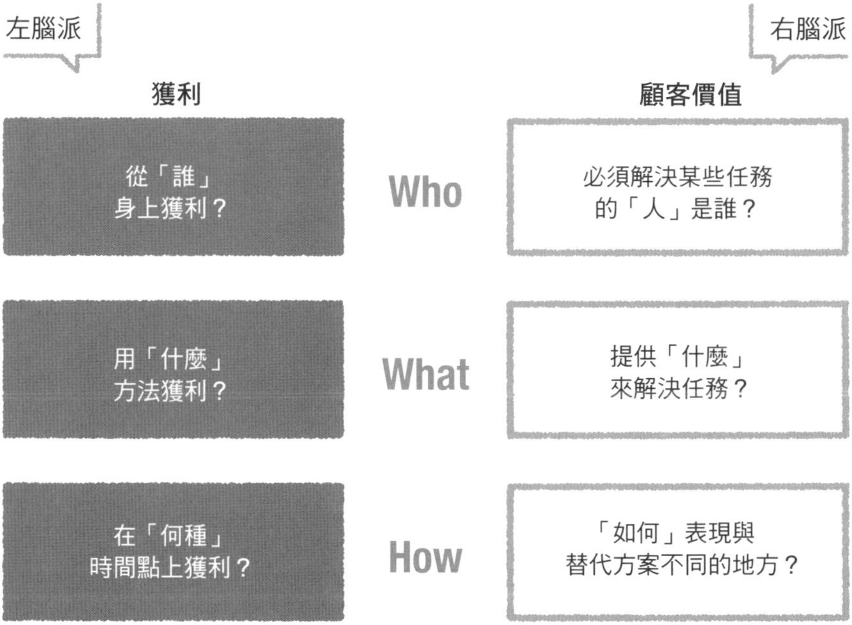

大規模競爭中爭奪業界霸權。我簡單的說明，就到此為止。」

「前田，謝謝妳。不愧是研究所畢業啊！整理得很完善，對我們很有幫助。我想大家應該也深刻了解了。我很喜歡這個方法。就算我不聰明，也能整理出頭緒。」

須藤繼續說：

「那麼接下來我們必須針對顧客價值提案以及今後Leorias的獲利來設計進行規劃。把這份規劃藍圖當作今後共同的目標。我會製作一份基礎規劃書，再請大家一起研議。因為目前無法馬上製作，我需要到現場做調查，所以下次的會議就訂在兩週後的同一時間，請大家屆時一樣到這裡集合。如果下次也有像前田這樣，注意到某個部分或有疑問的人，請儘管提出來討論喔！」

大家都贊成須藤這番話。

「須藤，辛苦你了。接下來才是關鍵啊！看你的了！」石神替須藤加油打氣。

學習重點 3

顧客決定價值

讀到這裡，我想各位一定知道，價值是由誰決定了吧！

製作產品的人，無法自己決定產品價值。

譬如說，您的公司所製作的產品，它的產品價值是由誰決定的呢？

其實，您的公司並不能決定產品價值。您的公司只能決定品質和價格，而非產品的價值。這項產品，被顧客判定為對自己有益，而且價格也在顧客願意為此支付的價格範圍內，顧客獲得這項產品時，也會感覺到產品的價值。

也就是說，顧客對產品的評價就是全部。價值由顧客決定。

股票的價值，也不是由發行股票的企業決定，而是由投資人決定。不動產的價值，也是由購買人決定。就算你刻意訂下固定價格，只要交易不成功，價格也不得不下降。這些都說明了一切必須符合顧客的價值。

無論什麼產品，大原則就是價值由顧客決定。那麼問題在於評斷價值的顧客，是怎麼判斷的呢？這就是我們需要學習的部分了。企業員工必須理解顧客的判斷依據，冷靜地分析自己提供的產品或服務之後，再進行宣傳活動。

另外，關於顧客價值的概念，知名的菲利普・科特勒（Philip Kotler）在系列作品中有相關介紹。瓊・瑪格瑞塔（Joan Magretta）的著作中也明確提到，價值取決於顧客這個觀念。WTP（支付意願）與價格之間的關係，則在貝贊可（David Besanko）等人合著的《公司戰略經濟學》（譯註：原文書名為《ECONOMICS OF STRATEGY》，中譯版由北京大學出版社出版。）當中有詳細說明。有興趣的讀者，不妨參考看看。

學習重點 4 顧客任務與解決方案

我曾經參與過滑雪場改建及品牌形象重建的工作。尤其是在這種業界，只要檢討過去的支持者為何漸漸流失，現在應該做的事就會一一浮現。也就是說，這些該做的事，會引導公司讓死水變成活水。

然而，這個方法不只能適用於過去曾經推出暢銷商品的公司，新開發的事業也可以套用。譬如，找出過去曾經流行的東西，分析這些支持者究竟流向何處。

像社群網路服務公司 GREE、電子媒體公司 DeNA 以及線上遊戲娛樂公司 GungHo 等公司，都會觀察任天堂、SONY 等公司的動向來進行提案。這些公司如果沒有徹底研究曾經左右市場的顧客價值提案以及過去的流行脈動，一定無法找到新的方案吧！

以前曾經解決「顧客任務」，那麼現在必須確認，公司當初提供的解決方案是否能獲得現在顧客的認同。

這個工作首先必須瞭解某客群必須處理的任務，而顧客認不認同既有的解決方法。如果既有的方法不能完全解決，那麼就代表有機會。

因為企業不斷努力、創新的解決方案，使顧客必須處理的任務更加深化、進化。因此，企業若限於曾經暢銷的方案中，無法擺脫刻板印象，就會與市場需求脫軌，顧客也不會上門了。然而，這也表示市場中有您可以參與的商機。

學習重點 5 Who－What－How

左右腦並用思考法，就是用Who－What－How來思考顧客價值與獲利的方法。企業的目的在於顧客價值以及獲利，這一點前文已經說明過了。然而，問題是Who－What－How這三個疑問詞到底是什麼？為何會出現呢？

其實這些問題，適用在「定義企業」的時候。您在定義企業時，會討論商品要提供給「誰？」要提供「什麼？」最後是「如何？」提供。

早在1980年，艾貝爾（Derek F. Abell）就已經出版《定義企業：戰略規劃的起點》。（譯

註：原書名《Defining the Business: The Starting Point of Strategic Planning》，目前無中譯版，中文書名為暫譯。）1989年由馬克蒂斯（Constantinos C. Markides）繼續這項研究。之後，為了再度建構『企業的定義』，分析出這些問題其實佔有非常重要的地位。

馬克蒂斯於2008年出版《Game-Changing Strategies》（譯註：未有中譯版），書中描述Who-What-How用現代的觀點來看，就是「商業模式的構成要素」。可見得回答Who-What-How這幾個疑問詞是十分基礎且歷史悠久的做法。

左右腦並用的思考法，將Who-What-How分成顧客價值提案與獲利兩個部分，為了能逐一解決問題而設計出六道題目。

第2章

價值主張

價值取決於顧客

令人意外的事實

當週的星期日，須藤休假出勤，帶著前田到他經手的運動用品零售店「exhibition・sport」做訪查。

這次是為了要調查 Leorias 最近的商品銷售情形。

這家運動用品零售連鎖店，規模在國內可說是數一數二。自從須藤擔任該店的銷售負責人後，Leorias 的產品銷售收入大幅成長。

不過，也多虧須藤配合這家商店的客群，選擇合適的產品類型和色系進行提案，才有這麼好的成績。

除此之外，這間公司會配合顧客製作海報、特地拍攝模擬使用商品的照片等，把這些東西也當作是產品的一部分投入賣場當中，以兩人三腳的方式，互相幫助提高銷售業績。

其中，神戶分店是一起參與各項規畫的特殊門市。

須藤站在店內和一位微胖的男性談話。這位男性正是神戶分店的店長，可以說是須藤的革命夥伴。他是經驗老到的店長——安生太一。

「安生先生，我現在正致力於改變 Leorias 的商業模式呢！」

「哇！須藤先生發達了啊！」

「安生先生，可以讓我們觀察一下店內的情形嗎？」

「當然啊！你想看多久就看多久。回去的時候跟我說一聲就好。」

地點設在購物中心的門市，一到週末便湧現人潮。門市裡的服飾產品充足，有很多對運動商品沒興趣的顧客也會來光顧。對學習價值提案而言，這裡是最合適的地點。

須藤和前田獲得參觀的許可，開始在賣場裡四處巡看觀察。可能因為這天是週日，所以店內非常熱鬧。

須藤遠遠地看著Leorias的商品陳列區。想著究竟會是哪些客人會購買自家商品。

過了不久，有一位女性顧客拿起Leorias的運動鞋。目測年齡約30歲左右。然而，這位女性卻做出了令人意外之舉。她盯著運動鞋看了一會兒，把鞋子放回架上，伸手拿起隔壁架上的adidas跑鞋。

接著，她又看了PUMA、NIKE等品牌。最後卻挑了一雙賣場自有品牌的運動鞋後放進購物籃，走到櫃檯結帳。

須藤和前田面面相覷。須藤對前田說：

「看來她並不想要Leorias的產品，也不想要adidas或其他的品牌。她並未意識到解決方案的差異，所以才會買最便宜的自創品牌。」

其他的顧客也都一樣。

然而，在一開始就拿起 adidas 或者 NIKE 的顧客，就會直接放進他們的購物籃裡，然後前往櫃台結帳。

「這是衝著品牌購買的行為。如果對產品不了解，那麼令人安心以及信賴感就很重要。品牌商標就是一種象徵，只要穿了這個牌子就不會被當作笨蛋也不會出錯，所以消費者才會選擇購買有名的品牌。」

前田點點頭。

Leorias 的鞋款具有其他廠牌所沒有的功能。儘管如此，卻沒有顧客因此指定購買 Leorias 的鞋子。Leorias 是不斷致力於製作運動鞋的廠商，但是對最近的年輕客群來說，或許品牌印象太過模糊。

如此一來，Leorias 就跟賣場自有品牌一樣，最後只會輸在價格上。

明明是運動鞋品牌，卻無法打出品牌訴求。就連運動鞋的功能，消費者都不知道。難道只能低價賣出嗎？我們必須有所作為才行。須藤在這裡感覺到 Leorias 價值提案的契機。

「我們是在學習商業行為的模式嗎？」前田問。

「對啊！」

須藤心想，雖然不一定能夠當場得到答案，但是問題已經浮現，只要好好整理應該就能實際派上用場。

而且，這讓須藤再度想多了解一些有關商業行為的理論。

須藤和前田大約在店內觀察2小時，向店長安生打過招呼之後，便離開神戶。

Leorias的堅持

兩人繼續到附近的星巴克開會。很幸運地，剛好有張桌子空著。前田負責點飲料，須藤負責占位子。

須藤一坐下來，腦海浮現剛才店裡的景象。

Leorias自創業以來，一直以運動鞋為企業的核心。以認真運動的人為目標客群，一度是眾所周知的國產品牌。

這份自尊讓Leorias至今仍自詡是實力派品牌，在運動用品業界當中佔有一席之地。

如果用顧客必須處理的任務這個角度來看，Leorias的商品能夠滿足「想要嚴格鍛鍊身體」的消費者。

須藤自己未曾想過這一點，但以Leorias的商品使用者群來看，的確只有這種可能。

製作出這些產品的人，早在十年前就已經離開公司。大多數人都被強勁外資的全球性品牌挖角了。

現在的 Leorias，說穿了就是在追逐這些人過去所製造出來的亡靈而已。不要說顧客的任務了，連顧客都沒能掌握，只是不斷地模仿過去所製作的產品，提高功能或者規格，持續推出些微更新的商品。

據說曾有某個經濟評論家對社長室伏說過：

「雖然 Leorias 持續性的創新已臻成熟，但如果有破壞性的創新就能帶來大幅度的改變。就像現在這個數位音訊時代，仍然有認真製作高規格 CD 播放器的廠商一樣。」

說得真是直接啊！然而，須藤現在已經能明白這句話的意思了。

在賈伯斯過世之後，Apple 也為了無法創新而苦惱不已。可能很難做出能夠超越賈伯斯所創造出來的各種創新商品吧！若是如此，那麼也就只能夠提高現有產品的精度了。至少，這麼做品牌不會垮台。

雖然說規模完全不同，但是 Leorias 現在也面臨著相同的狀況。社長或許就是想要改變這一點吧！

與其說是要改變商業模式，不如說這可能是要改變 Leorias 這一個品牌本身的一場大型外科手術。

須藤直覺今後可能會走上這條路。

這份堅持背後隱藏著過去的榮耀

在實體店面裡觀察過消費者之後，了解到對於消費者而言，Leorias 與賣場的自創品牌相差無幾。

若是如此，現在不管推出什麼產品，都很難被消費者接受。想要大幅改變消費者的印象或者吸引年輕人，等於要從零開始建立品牌，需要大量時間和成本。

在這樣的狀況下，要如何短時間內改變獲利架構呢？如何製造出暢銷商品呢？就算能做出好產品，在那之前 Leorias 就會因為資金周轉不靈而倒閉了吧！

該怎麼辦才好呢……到底要怎麼樣才能……

「等一下！對了！」

須藤突然靈光乍現。

既然如此，瞄準曾經喜歡 Leorias 的客群不就是上上策嗎？

要吸引新客群本來就很花時間又花錢。因此，須藤試著回想曾經愛用 Leorias 的顧客。須藤自己也是運動鞋迷，曾經熱愛 Leorias 這個品牌。在當時，的確有許多喜歡穿 Leorias 的顧客。雖然已經是過去式，但這些人確實「存在過」。

然而，曾經熱愛 jump・around 這款產品的年輕人、曾經穿過 Leofit 的女孩們，現在已經 40～50 幾歲，成為很少運動的一群人。

那麼，只要把過去曾經熱愛 Leorias 顧客找回來不就好了嗎？當然，這些人之中一定也有人常去健身房，維持身體年輕健康的體態。他們一定也還持續使用 Leorias 的產品吧！

所以，我們必須把焦點放在已經不運動的人身上。Leorias 的支持者已經都上了年紀，但 Leorias 仍然自顧自地針對年輕人開發產品，這本來就是不對的。

這時，前田端著咖啡回到座位。

「須藤先生，久等了。人有點多呢！」

「謝啦！來，不用找我錢了。」

須藤遞給前田千元紙鈔。

「話說回來，我記得妳母親也曾經是 Leorias 的支持者對吧！現在幾歲了？」

「是的，現在57歲了。怎麼了嗎？」

須藤心想，Leorias若跟顧客一起成長，不是很好嗎？

Leorias至今仍然堅持自己是運動品牌，固執地追求年輕人的市場。當然，只要是運動品牌，本來就應該以年輕人為目標。

然而，無論是哪個品牌都在同一個市場激烈交鋒。最後，整個市場的架構變成新品牌如雨後春筍般出現，而大家仍然埋頭爭奪年輕市場。

結果，年歲日增「曾經年輕」的這一群顧客就漸漸地被遺忘。而這群人也對運動品牌不再感興趣，對這些品牌不理不睬。須藤心想，最後的確會變成這樣啊！

Leorias 向來只對自己所定的客群宣傳商品，所以才會造成目前只追求某個特定客群的狀況。這個方式本身並沒有錯，但問題在於商品並未對現在的年輕客群達到宣傳效果。曾幾何時，變成只是單純推出新商品、孤芳自賞的品牌提案而已。

結果品牌與年輕人漸行漸遠。本來想鎖定年輕客群，但品牌本身的體質和感覺已經無法吸引目標客群了。

無論從哪個方面考量，須藤認為從為數眾多而且「曾是 Leorias 支持者」40～50幾歲的女性下手才是上策。

就算這些人已經不是 Leorias 支持者，但至少不是「完全不知道 Leorias」的客群。而且，她們至少並不討厭 Leorias，應該看到 Leorias 還會覺得「啊！好懷念喔！」。

決定好目標客群了。接下來只要找出她們必須處理的任務就好。如此一來，勢必能看出今後企業的方向。

「前田，謝啦！幫我向妳母親道謝。她讓我有靈感了！」

須藤心想，可以開始著手規劃新的顧客價值提案了。

Leorias 的知名度

與前田分開各自回家後，須藤無法忘記曾記拿起 Leorias 商品的顧客。exhibition・sport 除了神戶以外，在難波、梅田附近都有好幾家分店。翌日，須藤獲得 exhibition・sport 店長們的同意，到各個分店去巡視。

「果然是這樣啊！」

所有分店都能看到相同的景象。

沒有人因為 Leorias 這個品牌而購買商品。Leorias 現在的知名度竟然已經低到了這種程度了嗎？

雖然在某顧問公司來談合作的時候，就已經看過相關資料，但現實卻更加殘酷。

須藤越來越覺得，必須以40～50幾歲女性為目標。

嘗試把過去的忠實支持者當作目標客群

店家巡視結束回家，須藤一坐到桌子前，就開始提筆寫下在那本書上學到的「左右腦並用思考法」。

先從「顧客Ｗｈｏ」開始填。

須藤寫下：「曾經是 Leorias 支持者，40～50幾歲的女性」。

須藤思索這個年紀的女性會想要什麼？

須藤先在Google檢索「中年女性的煩惱」，並依序瀏覽檢索結果。

「熟齡戀愛」這個先跳過好了。

「想看起來更美」喔！喔！

「不想輸給年輕美眉」原來如此。

看了一輪之後，還出現「不想變胖」、「一直想吃」還有「不想運動」等關鍵字。

從頭到尾沒看到「想要認真做運動」之類的關鍵字。

因為從來沒有把中年女性當作目標客群，所以自然就不會想到這些事。

以網路檢索來的資料為契機，須藤理出一個方向性，就是能夠「輕鬆瘦身的產品」。真是一個令人頭痛的答案啊！

須藤在「顧客價值What」寫下「輕鬆瘦身的產品」。

這時iphone傳來訊息鈴聲，是小惠。

須藤把這2、3天發生的事以及自己的發現，簡潔地告訴小惠。

「小惠，如果說到針對中高齡女性設計能輕鬆瘦身的產品，妳會想到什麼？」

「蛤？什麼東西？好像電視購物喔！」

「……電視購物？」

我們的競爭對手是運動品牌嗎？

須藤無法忘懷昨天小惠說的「好像電視購物喔！」這句話。

他暫時把公司是運動品牌這件事拋在腦後，開始尋找顧客的任務為何。

〈競爭對手是電視購物……〉

如果從這個角度想，視野就更加寬廣了。

曾經喜愛 Leorias 的年齡層，把孩子送出門後，應該會有幾個小時的空檔時間都在家裡看電視購物頻道。這個時間的購物節目很多，須藤把某天上午的購物頻道節目錄下來，回家之後再進行研究。

節目中介紹的商品多以「美容」，尤其是「瘦身」為主。一定會出現的關鍵字有「簡單」、「只要～」、「一天只需要～」等等。

像是健康食品、電動鍛鍊腹肌腰帶、後躺式健腹器、鍛鍊下半身用的健身器材，節目中介紹諸如此類的商品都賣得很好。

須藤平時不太看這個時間的節目，但也發現這些節目和以前不太一樣。須藤覺得以前比較傾向讓消費者用自己的身體運動。

『比利的瘋狂新兵訓練營』、『拉丁瘦身舞蹈』之類的就是很好的例子。

透過嚴格的訓練來打造理想的身材。

然而，最近反而鎖定懶得從事這些訓練的消費者來製造商品。

嚴格訓練身體，難道已經退流行了嗎？

假設我自己現在很胖好了。為了雕塑身材，下班回家後、或者做完家事孩子都睡著後，我還能規律地運動嗎？大概都累得睡著了吧！

尤其是現在這個時代，女性也都有自己的工作。做完該做的工作和家事，還要再鍛鍊身體，恐怕沒人辦得到吧！

須藤漸漸開始了解，在這樣狀況下的人會有什麼任務。

每個人都想變美，因此必須維持某種程度的纖瘦身材。

然而，隨著年齡的逐漸增長新陳代謝變差、飲食不規律、因為壓力而暴飲暴食……等原因，往往很難瘦下來。

一旦開始胖起來，就會越來越散漫，更沒辦法脫離這個惡性循環。對這些女性而言，電視購物提供了適合她們的解決辦法，而且電視購物連不喜歡運動的人，也準備了不同的解決辦法。那就是「看起來會變瘦的內衣」之類的塑身衣褲產品。連不想瘦身減肥的人，電視購物都想辦法伸出援手。

須藤開始發現顧客任務

反觀自己的運動品牌又是如何呢？

我們一昧地建議消費者規律地運動不是嗎？如果變胖，就跳有氧舞蹈或到健身房去運動、做瑜珈、皮拉提斯。我們公司一直以來都只針對積極活動自己的身體、透過嚴格訓練維持健康體態的人做宣傳吧？

〈等等！〉

會需要電視購物裡面說的「輕鬆地」、「只要～即可」等產品的消費者，有具體必須解決的任務。我們運動品牌，該如何針對這些以前沒有提供過解決方案的對象，設計產品方案呢？

圖表 04 **Leorias既有的商業模式**

左腦派：獲利		右腦派：顧客價值
所有顧客	Who	規律運動的人
所有產品（皆以40%左右的利潤計算）	What	激烈運動時有利於取得好成績的產品
購買時（購買每個產品時收費）	How	價格與外資品牌相等，主打功能性

（對了！穿上就會瘦的魔法運動鞋！就是這個了！）

須藤靈光乍現。

這是運動品牌至今從未做過的劃時代價值提案。

如果這一次提案成功的話，應該就能夠找回Leorias過去的榮耀。須藤無法抑止住排山倒海而來的興奮之情。

須藤拿出紙筆，在左右腦思考法的問題欄中寫下現在湧現的靈感。

「嗯……我們目前針對這些顧客，推出這一種產品……，宣傳用的標語是……」

因為是自己很了解的企業，所以寫

下公司現狀，並未花太多時間。

須藤寫下 Leorias 既有的價值提案。

獲利的部分，每個顧客都收取40％左右的利潤。也就是說成本價3600日圓的商品，批發價為6000日圓左右。（成本價大約是批發價的60％：3600÷0.6）

其實公司希望有45％左右的利潤，但由於 Leorias 規模小，所以成本價難免會提高。再加上重視功能性，考量零售店的利潤之下，批發價只能落在這個價格帶上。

批發價最後再加上零售店自己的利潤，如果販售價格約為一萬日圓，那麼零售店的毛利率為40％。

也就是說，銷售的基本型式，就是原價再加上一定的利潤，零售店也加上店家的利潤之後賣給消費者。

另一方面，須藤這次想到的商業模式，是以特定商品為中心規劃的。

針對擁有「想瘦身卻不想積極運動」這個煩惱的人，設計「能輕鬆雕塑身材的鞋子」，以「只要穿上就能瘦！」為標語，再以高單價販售。

市場區隔如此鮮明，如果研發成功，一定是獨一無二的產品。

如此一來，把利潤拉高應該也能暢銷吧！

具體定價多少，還要看成本價才能知道，但如果完成這項產品，單價高應該還是能賣得很好才對。須藤充滿自信。

如果能夠成功，不需要削減成本，只要提高毛利即可。這一點也能和社長說的改革獲利架構連成一線。這項高利潤商品，將來勢必能成為決定Leorias未來方向的希望。須藤為此感到興奮不已。

瘦身鞋的製作方法

週末結束後的星期一，須藤得意洋洋地走向開發部。

「清井大哥，麻煩你過來一下。」

「喔！是須藤啊！怎麼突然來了？離下次專案會議還有十天耶！還是說，你遇到什麼麻煩了？」

「我想讓你幫我看一個東西。」

「果然是麻煩事對吧！」

「總之有事要拜託你。中午我請你吃飯，現在就出發吧！」

「這頓中餐一定很貴。」

清井苦笑著回答。

兩人前往離公司步行約5、6分鐘，位於四之橋的日本蕎麥麵店。這家店有一位手藝細緻的知名大廚。因為店裡總是擠滿人潮，從點餐到上菜也是出了名的久。須藤開始說起想商量的事情。

「我想到一個可以讓顧客歡喜，我們又能獲得更多利潤的商品概念。不過我想請教您，有沒有可能執行？成本價大概會是多少？」

「喔！公司裡面沒有像你一樣對運動鞋那麼著迷的人，再加上品味又好，也難怪你能想出產品開發的點子。」

「承蒙您誇獎，我備感榮幸啊！師傅。不過，現在還只是概念而已，接下來還要請您在骨架上，加些內容才行……」

「這樣啊！讓我看看吧！」

須藤把昨天依照左右腦思考法則寫下的內容給清井看。

「這是上次前田報告的東西對吧！你想要我幫你看哪個部分呢？」清井問。

「請先看右邊。」

說完，須藤指向顧客價值提案那一側。

「喔！你想以這個客群為目標啊？嗯……」

圖表 05 新商業模式

	左腦派 獲利		右腦派 顧客價值
	所有顧客	Who	想瘦身卻不想積極運動的人
	所有產品 （以更高的利潤計算）	What	可以輕鬆雕塑身材的鞋子
	購買時 （購買每個產品時收費）	How	因為商品有市場區隔， 故以「只要穿上就能雕塑身材」 為商品形象，高單價販售

「那個……您覺得如何？」

「嗯……」

清井的表情一沉。

「我說須藤啊！我們只是沒有針對這種客群設計商品提案而已。公司一直堅守實力派品牌形象，如果要推翻以前的形象，必須要很有毅力才行。」

「是，這我知道。」

「社長怎麼說？」

「社長說這件事交給我來處理。不知道為什麼，他只說了『放手去做！』。」

「原來如此。但公司內部也會出現不同的聲音吧！畢竟其他的業務都是用積極運動的形象在向顧客提案，既有的形象一旦削弱，多少會有反對聲浪。可能會有人說，怎麼能讓行銷部的石神等人至今塑造的形象一夕瓦解！」

「這個部分，我想可以用保留一些運動元素的方式撐過去。我不是要製作像電視購物那樣半吊子的產品，而是想針對『不想積極運動的人』開發產品。」

「以運動品牌來開發嗎？」

「沒錯。這不單純是讓不運動的人也成為我們的顧客而已。」

「什麼意思？」

「目的是要為不喜歡運動的人，創造一個運動的契機。只要稍微有達到雕塑身材的目的，勢必會慢慢開始運動。其實，是為了創造這個『契機』而製作產品。」

須藤字字鏗鏘有力。

「原來如此，啟動運動的開關啊！」

「沒錯。如此一來，我們守護至今的功能性運動鞋，會在之後的進階款伺機而動。以前沒想過要買 jump・around 和 Leofit 的顧客，最後一定會自然地想購買。」

「培養未來的顧客啊！真有趣。」

「要讓顧客突然轉而支持 Leorias 太困難。既然如此，那就把曾經是 Leorias 支持者的女性找回來，幫她們準備可以解決問題的商品。顧客歡喜之餘，就會自然而然地找到我們公司擅長的既有

圖表 06 | momentum概念圖

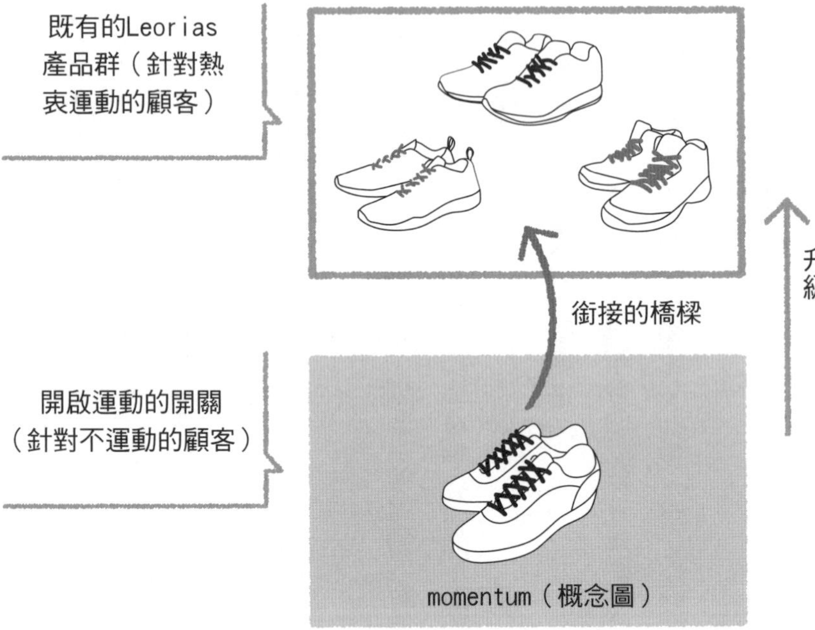

商品。我同時也想創造這種接觸Leorias的『契機』。」

「契機啊！」

「是的。所以這一項產品的代號我想取名為『momentum』，就是契機的意思。」

「momentum啊……須藤，我懂了。見識到你對鞋子、對Leorias，甚至對顧客的熱愛了。我能幫你什麼呢？」

清井了解並同意須藤的想法後，立刻表現出積極協助須藤的態度。就在這時候，蕎麥麵上桌了。

「清井大哥，在談正事之前，先吃完這些麵吧！」

「說得也是，先吃吧！」

兩人開始吸起麵條來。

用完餐後，兩人回到清井的位置上，繼續討論剛才的話題。

「我的想法是這樣的，要怎麼樣才能實踐呢？」

「光是穿著就會瘦的鞋子啊……與其說是瘦身，不如說是鍛鍊還比較可能執行。這樣的概念也可以嗎？」

「可以，當然可以！」

兩人互相交換意見，連如何運用概念提高產品等級都一併討論。翌日，兩人一樣繼續討論，沒多久就決定好具體規格了。

產品代號：momentum

新產品的概念終於越來越明確。

清井獲得開發部同意，正式以momentum為優先工作。

當然，這也是因為社長正式委託，清井才得以在這個計畫裡大展身手。

預設目標客群是不討厭Leorias、40～50幾歲的女性，而且找出他們必須解決的任務。

須藤找到「不想運動但是想減肥，對美容美體有興趣。因為每天都很忙碌，所以希望能輕鬆、不花太多時間就達到瘦身效果。」這個主題。

須藤和清井針對這個狀況深入討論。

「清井大哥，您太太今天貴庚？孩子幾歲了呢？」

「我太太？小我3歲，已經45歲了。老大15歲、老二11歲念小學5年級了。」

「太太每天的作息如何？」

「嗯……我想想。我太太胖了不少，她自己也很介意這點。跟你預想的目標客群一樣呢！想減肥但是沒時間。我們家受到雷曼兄弟公司破產後的不景氣影響，太太也以打工的型式到地方雜誌的廣告公司當業務。老大今年要考高中，每天上補習班上到很晚。我太太每天要買菜、做便當給孩子帶去補習班，真的很忙碌。也沒辦法去什麼瑜珈或皮拉提斯的教室。我覺得很過意不去啊！下次結婚紀念日的時候，得好好慶祝一番才行。」

「您太太真的很忙碌耶！不過，就算不去皮拉提斯教室，做了這麼多事情，應該自然就瘦了不是嗎？」

「這個啊！新陳代謝下降之後很難瘦下來的樣子。而且，想瘦身的話，必須要有肌肉。她做的這些事情，都不會長肌肉啊！反而常常喊著肩膀痛、腰痛之類的。畢竟，她走路姿勢本來就有點問題。」

「清井大哥，這就是重點吧？」

須藤漸漸描繪出具體的顧客形象。當然，這也還只是個假說而已。

雖然只是把身邊的人當作觀察對象，就已經可以側寫許多狀況了。接下來只要用發問卷等方法，確認是否為一般常態即可。

也就是說，Leorias 過去的支持者，有可能是受長期不景氣的影響，必須兼職打工的家庭主婦。收入不穩定，又要忙著照顧小孩，對雕塑身材有興趣，但希望能輕輕鬆鬆地瘦身。

若是如此，應該只要用某個方法製作功能性集中的鞋底，再使用這個鞋底製作鞋款即可。但問題是整雙鞋上方的鞋面要如何處理？

鞋面設計幾乎等同整個鞋款的設計。須藤詢問清井，鞋面該如何處理。

「我正苦惱鞋面該如何處理？」

「對啊！你做 Leofit 的時候用網眼布料做鞋面，怎麼看都是屬於運動鞋款。Leorias 的產品本來就大多都是運動鞋類型，如果要延續品牌風格，應該還是做成運動鞋款比較好。以前的顧客應該也會覺得很懷念吧！」

「我一開始也是這麼想的。但是，清井大哥忘記一件很重要的事。」

「什麼？」

「這款鞋是為了不運動的人設計的。我認為我們必須捨棄運動風才行。」

「須藤，我們是運動品牌耶！」

「這點我很清楚。但是，如同我之前說過的，這一款鞋是為了讓顧客能延伸購買既有產品，是能創造契機啟動顧客運動的開關。所以產品代號才會叫做 momentum。從這個角度想的話，大刀闊斧地嘗試運動品牌不做的事情，不是比較好嗎？」

「運動品牌不做的事？」

「沒錯！這些主婦因為夫妻都必須賺錢，所以人人都有工作。這款鞋必須是穿去上班也沒關係的設計才行。應該說發想的起點不是運動鞋，而是接近一般的鞋子，您覺得如何？」

「原來如此。你的想法很有道理。可能因為我是個工匠，所以腦子不靈活，也可能是因為公司縱容我這麼做吧！我一直都在做自己想做的東西，這也顯示出從使用者的角度來看待產品有多麼重要。」

「太感謝您了。那麼鞋款設計，我想就用有時尚品牌感的皮革來做鞋面。顏色選黑色或咖啡色，穿去上班比較不顯眼，這樣就能邊上班邊雕塑身材了！」

「這樣啊！這還真是個大挑戰。」

「技術上有問題嗎？」

「如果能研發出專用的鞋底的話，應該沒問題。」

「那我想就這樣統一整體設計概念，可以嗎？」

「當然可以。」

好，目標客群已經很明確了。現在甚至可以鎖定使用情形，想到這裡須藤不禁覺得越來越有趣了。

「清井大哥，現在還只是初步概念，可以請您先畫設計圖（規格書）嗎？然後，我想請您先試做產品，可以嗎？」

「須藤小弟，你動作太快了啦！不過我會努力的。畢竟，時間就是金錢啊！」

清井被須藤的心意感動，決定就算熬夜也要完成這個工作。

「概念和設計我已經明白了。但是重要的鞋底技術會有什麼問題，就留到之後再說。總之，我會優先考量40歲前後這個年齡層能每天穿著的設計，再進行製作。鞋底我也會一併想想看的。你就等著吧！」清井補充道。

從須藤的報告開始

十天後，之前約好開會的日子。大家在第二會議室集合。

須藤召集專案計畫成員並報告成果。他把剛完成的 momentum 產品概念依照左右腦思考法的方式填入答案之後，結束這一次報告。

「各位，有沒有什麼意見？」須藤問。

拍手聲此起彼落，最後甚至有人歡呼。

「石神先生，您覺得如何？這不會妨礙石神先生一手規劃的品牌形象嗎？」

「什麼妨礙啊！須藤，反而是我要跟你道謝。這不是為了讓我一手培育的產品發光發熱才執行的計畫嗎？這個計畫一定能改變Leorias的歷史！」

石神大聲地說。

一定能成功。須藤確信這次一定能成功。

「現在阿清大哥正在準備包含鞋款設計的規格書。各位覺得如何？」

「鞋底的技術還沒定案。不過，這次是社長親自下令，這次計畫關係到公司的命運，應該會投注相應的資金。所以，就算花再多時間，我也會做出好產品的，敬請期待。我們家的新星岩佐也會好好表現的。」

清井比了一個勝利V的手勢。

「各位，那就以這個形式開始執行，沒問題吧？」

「沒有意見！我贊成！」五人異口同聲地說。

「那就這樣決定了！」

須藤才剛說完，清井就大喊：「好！」

「石神先生，請開始構思宣傳標語，並且找出適合這款產品的媒體。關於宣傳的部分，因為是前所未有的產品，我想多投入一些宣傳廣告費用，加深品牌印象。再來請前田試算並確保費用款項，請財務部撥款。竹越先生可以麻煩您跟中國聯絡，確認這個案子要下多少量才能降低成本價格嗎？各位，萬事拜託了。」

需要解決的問題

終於，再過十天試做的樣品就會完成了。

雖然說是樣品，但只是為了確認設計，與正式的樣品不同。因為鞋底還沒有定案，這個樣品可以說是先把概念立體化的產物。

規格書（概念設計圖）完成後，通常第一個樣品大約需要花三週的時間製作。

這次因為案件優先度高，直接和室伏社長商量後，所有流程都能優先進行。

因此，樣品比平常還要快一週，大約兩週就已經做好了。須藤心想，等樣品出來之後可以加深產品形象，接著就可以馬上進入今後的銷售戰略了。

然而，走到這一步，須藤卻開始心生不安。

冷靜下來想一想，總覺得好像少了什麼。「momentum」這個產品概念應該沒問題，但除了概念以外，須藤想不到有什麼「商業性的觀點」。

再說，就算鎖定客群為「放棄運動40～50幾歲的女性」，目前尚未釐清這群人的「任務」也是事實。必須做點什麼才行……

再次檢視何謂商業模式

因為還有問題沒解決，須藤難得早回家，針對之前快速翻閱過的「商業模式」定義，想趁這個時間再讀一次。

所謂商業模式，就是滿足顧客、為公司帶來獲利的架構。可以說是企業的設計圖。換個方式說，就等同於產品推出前的樣品。經過數度修訂，逐漸建構出一個企業。

（樣品啊？話說回來，momentum的樣品差不多要完成了。這裡說的是企業樣品啊！真是有趣。）

須藤興奮不已，繼續往下閱讀。

建構商業模式時，須要考量的事情大致分為三個部分。也就是顧客價值之提案、獲利設計以及過程的架構這三項。每一項都是企業中重要的一部分。沒有顧客價值，會失去企業的目標。而且，獲利是必要的限制條件。光是這兩項就已經能掌握大部分的企業要素，但是最後絕對不能忘記實踐的流程。

之後，流程會是最後手段。因此，在思考商業模式時，首先必須想好顧客價值與獲利，如果這個部分偷工減料，企業就會漏洞百出。

原來如此，顧客價值、獲利、流程啊！這麼說來的確是如此，大家平時並沒有隨時注意這些重點。

雖然大家都會注意產品的毛利，但卻不太重視公司整體獲利。從這個角度來看，前田說的左右腦並用思考法，其重要性不言而喻。公司往往因此淪為只注意顧客價值的製造商，更何況我們還是運動品牌公司，必須考量獲利的確言之有理。

我很不擅長會計類的工作，也不太喜歡。一直認為這些應該交給財務或會計師去處理。但是，現在差不多是串連所有要素思考企業走向的時候了。

左右腦並用的思考法

須藤再次閱讀重要的內容。

顧客價值提案必須具備完整的獲利設計，實現獲利設計的流程確立之後，整個商業模式也隨之具體化。

〈原來如此，原來是這樣啊！〉

企業員工通常都以左腦或右腦來面對工作，而經營者則是左右腦並用，考量顧客價值的同時也必須考量獲利。最後要如何實現這些想法，從一開始就必須有某種程度的準備才行。說明左右腦並用思考法與實現的方法，就是所謂的商業模式。簡而言之，商業模式就是企業的設計圖，更實際地說，它可以說明有能力的經營者的所思所想。

〈也就是說，可以用這個方法整理社長的想法囉？〉

須藤越來越能吸收書本內容。自然地閱讀速度也越來越快。

然而，左右腦並用的思考法很難學習。因此，首先必須先提出顧客價值和獲利的框架，實現的流程可以稍後再思考，最重要的是必須先掌握前兩個元素。

〈左右腦並用的思考法啊！這是要思考到什麼樣的程度呢？搞不懂啊……〉

「阿仁，你還好嗎？還在工作？」

須藤聽到 iphone 傳來訊息的聲音，是小惠傳來的 LINE 訊息。

「在家啊！繼續看那本書。」

「好用功！」

「有事情想查一查囉！」

「那查到了嗎？」

「還沒，越查越模糊。好想直接找作者問個清楚。」

「那就去見個面啊！」

「咦，這樣不是很失禮嗎？」

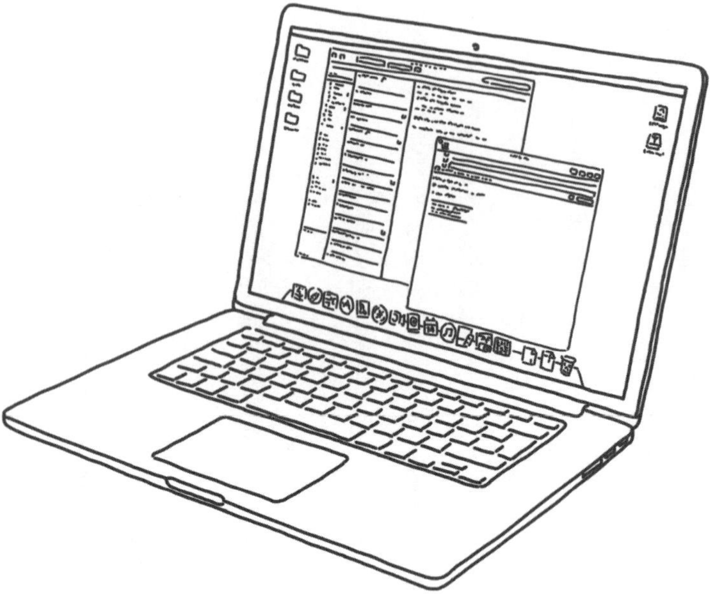

「這樣啊！可是你不是很想問嗎？打電話或發 mail 到學校應該可以吧？」

「對耶！我都忘了可以這樣聯絡！我試試看，謝啦！」

「加油喔！」

須藤立刻打開Mac電腦，找到西都大學的網頁。在教職員名單中出現書籍作者片瀨教授的名字，而且還有信箱資訊。

「找到了！那就寄個信看看吧！」

須藤打好內文，緊張萬分地按下傳送鍵。

片瀨教授來信預約會議時間

四天後，須藤的Mac電腦收到片瀨教授的回信。

片瀨教授回覆願意見面。須藤非常開心，立刻傳訊息給小惠。

「小惠，搞定了！他說願意見面耶！」

過一陣子，小惠就回覆了訊息。

「太好了！」

「教授說請我下週或下下週專題討論之前去他的研究室耶！」

「那你要加油喔！」

〈能直接見面真是太幸運了！難得有這個機會，去之前把這件事情的來龍去脈整理好，才能簡潔地讓片瀨教授了解。對了！我這裡有之前寫下的左右腦並用思考法的框架。而且，屆時初版的樣品應該就完成了。兩個一起帶去，向教授報告現狀。〉

想到第一次有機會拜訪大學教授，須藤就不禁挺直腰桿。

不知道是什麼樣的人？就在此時，須藤的 iphone 響了起來。是清井來電。

「須藤老弟，這個週末 momentum 的樣品就會完成了！」

「真是感激不盡。完成之後請立刻借給我。」

學習重點 6

找出顧客任務的方法論

要提出新的商業模式，顧客價值提案是最重要的課題，也是商業模式的要素之一。顧客在某種狀況之下，為了解決問題而僱用產品。既有產品無法解決的問題，使得顧客無法忍受，為了解決這個問題，顧客會選擇僱用替代品。

以創新研究而聞名的哈佛教授史萊頓．克里斯汀森（Clayton M. Christensen）教授在著作中就提及「**顧客任務（jobs to be done）**」這種思考法。

行銷界泰斗西奧多．萊維特（Theodore Levitt）教授從前便提過這個概念，以現代的角度解釋就叫做「顧客任務」。

顧客購買產品或服務的原因，就濃縮在克里斯汀森教授常用的這段文章裡。

購買產品或服務，大部分的狀況下，都不是因為「想要」這個產品。這一點常常被誤解。顧客因為想要解決某個任務，所以才僱用產品。

如果能提出像這樣著眼「顧客任務」，有別於他人的新解決對策，顧客價值之創造就會是創新且令人興奮的工作。

最為寫實的例子，就是 P&G。P&G 是出了名的重視創新，並且追求提高產品價值的一家公司。

P&G 有**「一起工作（work in it）」**和**「一起生活（live in it）」**這種行銷相關的企劃。

「一起工作（work in it）」是指 P&G 的員工到販賣公司產品的零售店站崗，觀察賣場中發生的問題，以利改良產品或解決產品問題。

因為這項活動，能夠直接感受消費者購買產品時考量的重點、自家產品與哪些產品競爭，然後將之應用於產品開發上。

「一起生活（live in it）」是到使用 P&G 產品的家庭裡一起生活。分析實際使用產品的顧客，他們的任務中最重要的部分是什麼？產品是否有達到解決任務的功能？最後將這些觀察應用到產品的改良與開發之中。

位於神戶市的日本 P&G，也積極活用這種方法。最近已經研發出「Ariel 超濃縮洗衣精」這樣劃時代的產品。

為了能製作出洗得更乾淨的洗衣精，研發團隊定時拜訪顧客進行面談。其結果，發現許多既有洗衣精尚未解決的種種任務。

尤其是肉醬等油汙很難洗乾淨，這是很多顧客的煩惱。如果從需求的角度思考，應該會選擇努力開發「洗得更乾淨的洗衣精」，但P&G的研發團隊卻提出完全不同的解決方案。

那就是「預先清洗」的概念。

也就是說，只要先用這個洗衣精先洗過一次，衣服就會變得不容易吸附汙垢。從事後清洗轉變成事前就預防髒汙的提案，如果不是從「任務」的角度思考，應該怎麼樣都想不到吧！

從任務衍生出的商品，簡直就像變化球一樣。

須藤到exhibition神戶店去觀察，就是體現剛才說的「一起工作」。身處銷售現場，了解自家商品的定位十分重要。

另一方面，須藤仔細詢問清井太太的狀況，則是等同「一起生活」的概念。本來應該到顧客家庭中調查，但這次因為和片瀨教授有約，有限的時間中只能用詢問的方式結束。

如果行銷上有足夠的預算，試著針對假設再進行詳細調查或許會更好。

無論如何，這種**「觀察型的市場調查」**是提示價值提案走向不可或缺的行動。

其他還有persona（假想人物）等方法，整體上稱為**「民族誌行銷法（行為觀察行銷法）」**。（譯註：民族誌行銷法係指以人類學的民族誌調查法，直接觀察、分析消費者，藉由這些方式發現過去產品的問題與缺點，用來促進商品研發。）

想進一步了解這方面概念的人，可以參考P&G前董事長雷富禮（A.G. Lafley）與夏藍（Ram Charan）合著的《創新者的致勝法則》（譯註：原文書名為《The Game-Changer—How You Can Drive Revenue and Profit Growth with Innovation》）或者《哈佛商業評論》2010年10月號的論文〈民族誌‧行銷學〉（白根英昭撰文）。

學習重點 7

擴大價值提案，嘗試再次調整既有商品定位

各位的公司應該都已經發展出各式各樣的產品了。請試著全數清點這些品項。公司內的各種產品，分別有著什麼樣的定位呢？您可以想像自家產品的品項，如何解決顧客的任務嗎？

須藤把既有的Leorias產品群全數清點後，發現令人意外地其中大部分都是對一般消費者來說較高階的商品。

而且，須藤並不否定這些商品，而是致力於讓新產品製造消費者購買既有產品的契機。

顧客之所以不購買自家商品，是因為不知道如何使用或是覺得自己與這種商品無緣。就算公司有計畫地推廣商品也一樣，顧客仍會因此判斷沒有使用這項商品的概念，或者覺得自己與這項商品沒交集。

此時，各位的公司不妨推想「顧客任務」究竟為何，再嘗試開發能夠成為銜接既有品項的新商品。如此一來，也可能因此帶動既有商品庫存的銷售。

學習重點 8 商業模式的要素

左右腦並用思考框架，由企業的目的**「顧客價值」**與企業的限制條件**「獲利」**所構成。

在這兩條主軸上，分別回答**Who（誰）、What（什麼）、How（如何）**各三個疑問，就是本書所介紹的商業模式。如果進行到這個階段，後續就開始進入為了實踐計畫而建構流程的階段了。

建構流程也能與Who－What－How的元素相互結合，本文當中我選擇從思考How開始出發。

整體而言，如何實踐顧客價值提案與創造獲利，也就是如何建構所有活動的連結（How），必須訂下方針。這就是在設計如何從傳遞價值到顧客端，到如何解決顧客任務的循環。

實踐每個流程時，公司不可能獨自承擔所有環節，必須有外部夥伴協助。誰能夠補足提供價值的流程？也就是必須找出關鍵人物。（Who）

就算把部分工作交給外部夥伴，也必須明確區分哪些要自行處理、哪些需要請夥伴補足。因

此，分析經營資源也不可或缺。簡而言之，必須釐清整個步驟流程中，自己公司的強項究竟是什麼。（What）

圖表07當中3×3的九宮格，整理自商業模式的法則，共有九個基本問題。這些都是實際經營企業，必須決定的重要課題（訂定經營方針）。每個重要課題都有其規則與邏輯（理論）。只要遵循其規則、邏輯，不必閱讀艱澀書籍也能填上答案。

這些都是企業構成的元素，也是最後創造「獲利結構」的重要零件之一。

為了思考獲利結構，必須填妥九宮格，讓整個故事變得有血有肉。其實，就算大企業也會不注意這些流程。因此，只要好好回答九個基本問題，即使是中小企業也能與大企業對抗，甚至有可能勝出。

挑戰者是否能戰勝巨人，可以說是取決於能否將這種思考應用在企業中，並設計其架構。

商業模式還有很多種框架，其中最有名的就是奧斯特瓦魯達（Alex Osterwalder）與皮紐爾（Yves Pigneur）提出的商業模式圖。（請參照圖表08）

這張圖表也是由九個部分組成，但內容與剛剛介紹的九宮格不同。總而言之，顧客價值提案與提高成本效益的方法論為主流。關於獲利的部分，比起收費方式，這裡更注重「總收支審計」。因此，這種方法可以成為擬訂企業計畫的工具並且發揮最佳效果。

另一個著名的商業模式，連《哈佛商業評論》都選為年度最佳論文。克里斯汀森（Clayton M.

圖表 07｜九宮格填表法

	Who	What	How
顧客價值	必須解決某些任務的「人」是誰？	提供「什麼」來解決任務？	「如何」表現與替代方案不同的地方？
獲利	從「誰」身上獲利？	用「什麼」方法獲利？	在「何種」時間點上獲利？
流程	和「誰」合作？	強項是「什麼」？	依照「何種」順序進行？

Christensen）也是這篇論文的共同作者之一，研究團隊提出新的商業模式工具——四格商業模式（圖表09）。之後，該研究團隊中的馬克・強森（Mark W. Johnson）出版《白地策略：打造無法模仿的市場新規則》（譯註：原文書名為《Seizing the White Space：Business Model Innovation for Growth and Renewal》）一書，其中有更詳細的描述。

這四格分別指「顧客價值提案」、「獲利方程式」以及「關鍵的經營資源」與「關鍵的執行流程」。「經營資源」與「執行流程」互為表裡，實際上可以合併在一起，因此大架構可

圖表 **08** ｜ **商業模式圖**

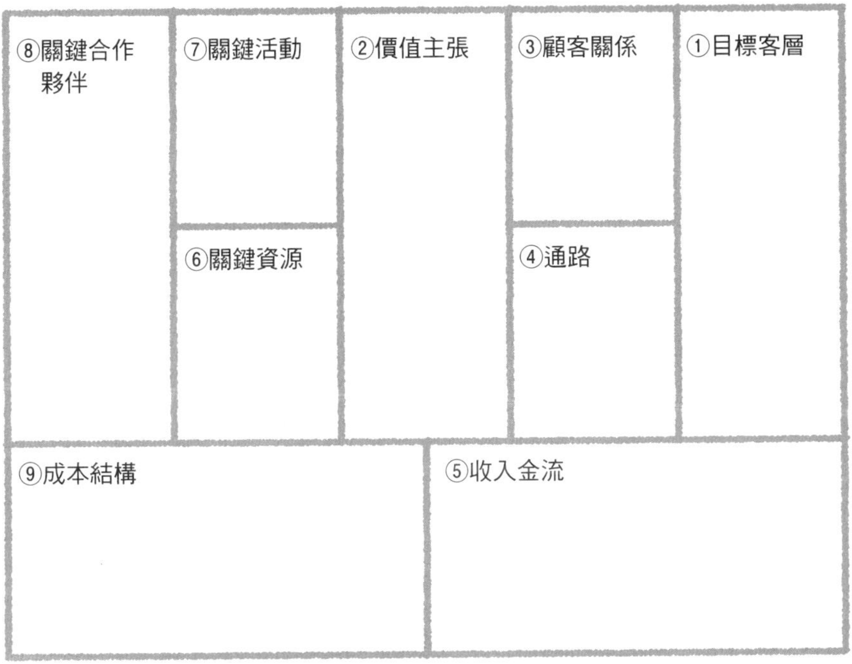

以分為三個構成要素。

如此一來，這個方法與九宮格其實也是相同元素組成。然而，這個方法在獲利的部分，主要討論成本架構與獲利比例，因此「獲利能力」的成分較強烈。

我從九宮格當中汲取左右腦並用思考架構，特別把獲利的這一部分當作主要論述，就是因為想要強調，思考收費方法比較容易催生出新的商業模式。

商業模式的框架是以戰略經營論為基礎產生的，基本上顧客價值提案與實踐流程是最先遇到的課題。從熱烈討論價值鏈的戰略論潮流來說，也是理所當然的順序。

另一方面，在實務上而言，比起強調流程的大企業，其實想要挑戰龍頭地位的小型企業反而會把商業模式當作主要課題。因此，比起實踐流程他們更重視收費方法，也就是獲利方式。

然而九宮格填表法尤其強調獲利，幾乎與顧客價值互為一體，並且當作一開始就應該好好思考的課題。

再者，有趣的獲利方式也可以幫助調整顧客價值提案。新興的創投企業等，都是用這種方法擊潰大企業的要塞。如果在價值提案這一關卡住，從獲利方法思考也可能開闢出一條嶄新的道路。詳情請參考拙作《改變收費方式的獲利方程式》（譯註：目前尚無中文版，書名為暫譯。原文書名為《課金ポイントを変える 利益モデルの方程式》）

圖表 09 四格商業模式

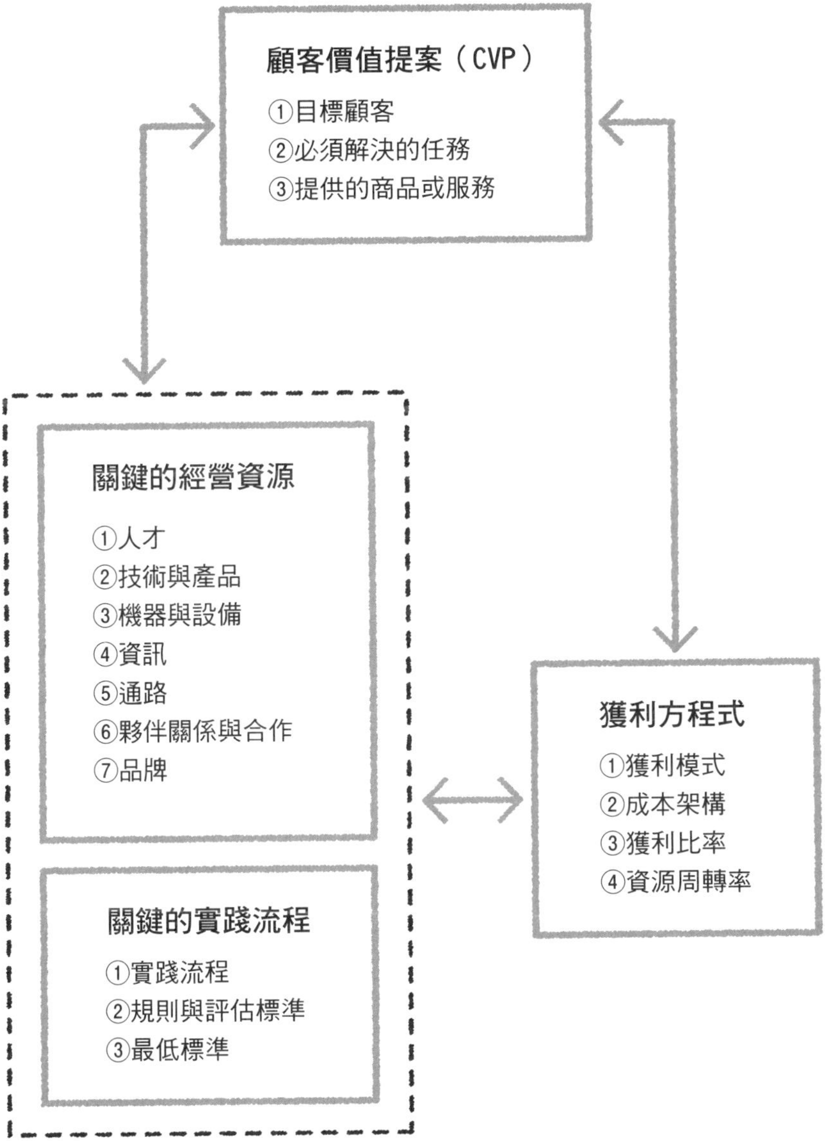
顧客價值提案（CVP）
①目標顧客
②必須解決的任務
③提供的商品或服務
關鍵的經營資源
①人才
②技術與產品
③機器與設備
④資訊
⑤通路
⑥夥伴關係與合作
⑦品牌
關鍵的實踐流程
①實踐流程
②規則與評估標準
③最低標準
獲利方程式
①獲利模式
②成本架構
③獲利比率
④資源周轉率

第3章

左右腦同時思考

深度分析某公司
不斷推出熱銷產品
的商業模式

與片瀨教授見面

須藤提早30分鐘抵達西都大學，在校園裡稍微走了一圈。

西都大學是一所位於大阪府吹田市的公立大學，學校歷史悠久而且承襲舊制高等商業教育，著重技術與實務，同時也是代表關西地區的一流大學，孕育許多知名企業的創始人。

公立大學的學生數量比起私立大學少很多，所以相對地每個學生都受到非常仔細而完整的教育。

學校的規模不大而且很質樸，但在經濟期刊中指出，這所大學的畢業生在日本國內企業經營階層的比例以及人事評價排名，都達到全國前20名。

須藤逛著校園，內心感到有點緊張。畢竟是要見自己看過的書的作者，而且還是大學教授，總覺得很彆扭。

終於快到約定的時間了。須藤在標示著片瀨耀史教授的研究室門口敲了敲門。

裡面有人回應：「請進。」須藤才把門推開。有一位男性走過來，請須藤入內。

「我是片瀨，請多指教。」

這個人就是片瀨教授？聽說教授40歲，但是看起來比實際年齡還要年輕。他並未穿著西裝，而是襯衫搭配刷破的牛仔褲，腰間還掛著皮夾鏈。儘管如此，卻不讓人覺得輕浮，反而看起來乾淨清爽。

實在看不出來他是一位教授，衣著穿戴好像服裝業界的人。須藤對片瀨教授產生親近感，開始自我介紹。

「我是須藤仁也。百忙之中來打擾，真的很抱歉。公司指派我負責改變商業模式的計畫，但我卻不清楚商業模式是什麼。到書店去憑直覺選了教授您的著作。冒昧前來想直接請教您一些問題，感謝您給我見面的機會。請您多多指教。」

「我才要請您多指教呢！我研究許多公司個案，現在也擔任企業顧問，但我個人對 Leorias 滿有興趣的。」

「咦？我們公司嗎？」

須藤十分訝異。為何教授會對進入衰退期的 Leorias 有興趣呢？

「嗯，有些令我好奇的地方。」

片瀨的回答似乎話裡有話。

令人意外的一句話

「今天想要問什麼呢？」

須藤直率地告訴片瀨自己的經歷、現在的工作內容以及自己對商業模式的一知半解。

「不過，因為讀了老師的書，我準備了顧客價值提案的部分，所以想先請教您關於顧客價值提案的問題。」

「請說。」

「感謝您。我們公司是……」

須藤說明 Leorias 從創設至今的歷史軌跡，並且談到今後公司的走向，最後把自己在第一會議室向專案計畫成員報告的左右腦並用框架表，交給片瀨端詳。

片瀨看著這張紙，嘟著嘴說：「原來如此。」

須藤接著把剛出爐的試做樣品從箱子裡拿出來。

「這就是能夠實現顧客價值提案的新商品——momentum。」

須藤學著賈伯斯發表 iphone 新產品的樣子，嘗試帥氣地介紹樣品。

「嗯，這樣啊……」

須藤在介紹的這段時間，教授連看一眼樣品都沒有，直直盯著剛才那張表格。沉默幾分鐘之後，才終於開口。

「這樣完全不行啊！太不完整了。」

〈呃……？〉

「抱歉，教授您剛才說什麼？」

「我是說，這個完全不行。用這個你覺得能改變 Leorias 嗎？」

片瀨冷酷地說。

「到底什麼地方不行呢？請您告訴我。」

須藤心中充滿難以言喻的不快。

「這件事我沒辦法一一插手，我只是告訴你整體的感想。」

〈這到底是什麼意思啊！〉

不甘心，太不甘心了。連樣品都帶來，結果竟然……

須藤正在糾結時，片瀨出乎意料地問：

「話說，您今天有時間嗎？」

「有，我今天請特休。」

須藤不知道片瀨為何這麼問，雖然疑惑但還是回答了。

「怎麼樣？要不要現在來聽專題討論呢？」

「可以嗎？」

「可以啊！來聽專題討論，會比較快接近須藤先生剛才問的答案。今天剛好會講到須藤先生帶過來的左右腦並用框架表呢！」

片瀨接著說：

「這些理論還是看著別人做，最能學到東西。當然，我自己也不覺得光讀書就能理解，所以才會在各地舉辦研修、專題討論或演講。」

「真是感激不盡。」

須藤心想，現在已經無法回頭，只能參加看看了。

片瀨教授的專題討論課

片瀨帶著須藤到專題討論的教室。一進教室，片瀨朝氣蓬勃地對裡面的學生說：「早！」

學生們也立刻回應片瀨：「老師早安！」

明明是下午卻說早安，好像在打工啊！須藤邊想著，邊向大家道早安。今天參加專題討論的學生，總共有十個人。

「今天專題演講請到在第一線工作的人，我想讓他聽聽看各位精彩的報告。這位是 Leorias 股份有限公司的須藤仁也先生。大家跟須藤先生問好吧！」

片瀨介紹完，學生們便正式向須藤問好。

「須藤先生負責建構商業模式的工作，所以今天特別請他來參加專題討論。」

學生們一陣騷動，片瀨催促須藤自我介紹，讓場面安靜下來。

「我是 Leorias 股份有限公司的須藤仁也。今天承蒙教授好意，讓我參加專題討論。請各位多多指教。」

須藤快速結束自我介紹，開始提問：「我有問題想問大家。教授，可以嗎？」

「各位有人使用 Leorias 的產品嗎？」

須藤問完，有位男學生舉手。

「啊，真是太高興了。請問你使用什麼產品呢？」

「我是籃球社的，所以有買籃球鞋。」

「感謝您。」

只有一個人嗎？須藤感到失落，但同時又想到有一個人也好，頓時安心不少。

「那麼，有聽過 Leorias 這個品牌的人呢？」

聽完須藤的問題，只有剛才的男生和一位女學生兩個人舉手。

十人當中兩人啊！

須藤問這位女同學：

「為什麼會知道這個牌子呢？」

「我母親說過他以前愛用這個牌子。她現在也為了保持身材，從事很多運動。之前為了去健身房，還買了 Leorias 的訓練鞋。」

「這樣啊！謝謝您。」

須藤雖然覺得高興，但是卻也感到一陣虛無。果然大學生們都沒有成為使用者，品牌知名度太低了。

「是的，這就是我們公司的現狀。我們雖然是運動用品製造商，但各位都不太認識。我雖然負責改變公司商業模式的工作，但其實我並不了解商業模式。因此，今天特別來請教片瀨教授。難得有機會讓我參與專題討論，今天請讓我和各位一起學習，再次請大家多多指教。」

須藤在片瀨的指示下，坐到學生後面的位子上開始聽課。

開始專題討論

片瀨的專題討論上課方式是在第一個月讀完教授的著作，接著由學生依照每個篇章報告。負責報告的人必須製作簡報，報告每個章節的內容。如果不了解報告人的報告內容可以舉手發問。亦或者，自己有想法的人也可以直接提出來討論。藉由這樣的方式，雙方都能更深刻理解內容。

學生們都已經讀過指定書籍，接下來就是以決定好的主題為基礎，各自找出自己有興趣的實例進行分析。每次專題討論共90分鐘，每次三個人進行簡報。專題討論由女班長主持，同學則依序報告。

「那麼就開始今天三個案例報告。相信報告的同學已經各自準備自己喜歡的產品或有興趣的企業了。依照主題的順序，第一位是武藤同學。」

模型公司 TAMIYA vs. 出版社 De AGOSTINI

第一個報告的武藤是位男同學。外表是時下的男學生，看起來應該是有女朋友的人，感覺手很巧而且是十分喜歡模型的宅男。武藤介紹自己的興趣，並且開始進入報告主題。

「我針對模型企業進行調查。因為我父親從以前就喜歡模型，所以家裡到處都是。父親收藏很多大和號等戰艦和大阪城之類的城堡模型。我也在不知不覺中開始自己組裝模型，上大學之後，我把打工賺的錢都花在模型上，被女朋友嫌得一蹋糊塗。」

簡報一開始笑聲不斷，到這裡為止須藤都聽得津津有味。

「我調查了用『模型』進行價值提案的商業模式，發現很有趣的執行方法。」

武藤的報告

「說到模型，日本數一數二的公司就是TAMIYA（舊稱：株式會社田宮模型）。這間公司專門生產精巧的模型，賣給模型迷等核心客群。TAMIYA是一家歷史悠久的公司，深獲許多模型迷的支持。

因為與其他廠商有市場區隔售價較高，當然，成本相對的也比其他廠商高。該公司把產品都歸類為高級品向消費者提案。

然而，從商業模式的角度來看，TAMIYA獲利方式，就僅止於經營戰略論課程中所提及的高單價銷售而已。可以說是因為產品的市場區隔鮮明，這種收費方式才能成立。

另一方面，最近有家公司針對模型迷，開發新的價值提案與成為話題的新產品。大家可能已經有所耳聞，那就是De AGOSTINI公司。

這家公司的獲利方式非常特別。因為他把高單價的模型，拉長時間收費，用這個方式獲利。如果只是這樣的話，那還沒什麼。然而，『只是這樣』的改變，就讓De AGOSTINI與TAMIYA的顧客價值提案大相逕庭。

De AGOSTINI的獲利架構，其實就是從消費者完成整個成品之前都可以收費。雖然收費的時間延長，但相對的顧客也可以選擇中途放棄。

這是怎麼一回事呢？De AGOSTINI的商業模式，讓玩到一半想放棄的消費者，不必再繼續付款。

這種模式讓『覺得自己可能會玩到一半就放棄』的人願意購買。以前有這個煩惱的人，不會花大錢買高單價的模型。讓這些人也願意購買，就是De AGOSTINI的商業模式。

像我這種對模型非常著迷的人，比較喜歡玩TAMIYA的模型。相對的也只有像我這樣非常著迷的人，才會想買這麼高階的商品。畢竟這是高階而且又是特殊嗜好的產品。

De AGOSTINI則是降低玩模型的門檻。之所以能達成這個效果，是源自於這間公司本來就有把百科全書分冊零售的經驗背景。

消費者因此可以每週到書店一點一滴的少量購買模型零組件。也就是說，因為顧客製作模型的速度慢，零件可以逐個收費。如此一來，想嘗試做模型的支持者應該會大量增加。De AGOSTINI擔負著這個重責大任，不僅讓市場更加擴張，自己也能獲利。

而且，我認為這些支持者最後應該還是會流向TAMIYA。

所以，長遠來看，這兩家公司並非競爭關係，而是合作關係。由De AGOSTINI擴展市場，TAMIYA則滿足核心客群。我的報告到此結束。」

圖表 10　TAMIYA與De AGOSTINI比較表

TAMIYA

	左腦派 獲利		右腦派 顧客價值
Who	核心客群 （能忍耐、喜歡精密手工作業、有時間的人）	Who	核心客群 （能忍耐、喜歡精密手工作業、有時間的人）
What	精巧的模型	What	精巧的模型
How	購買時	How	設定為高單價 有市場區隔的商品

De AGOSTINI

	左腦派 獲利	→	右腦派 顧客價值
Who	會買到最後一期雜誌的顧客	Who	想做模型但是可能會中途放棄的人
What	創刊號之後的零件	What	每週販售部份零件 宛如週刊雜誌般的 「模型」
How	陸續購買	How	創刊號為半價 容易完成模型 入門簡單

※改變獲利的方式，也能改變顧客價值。

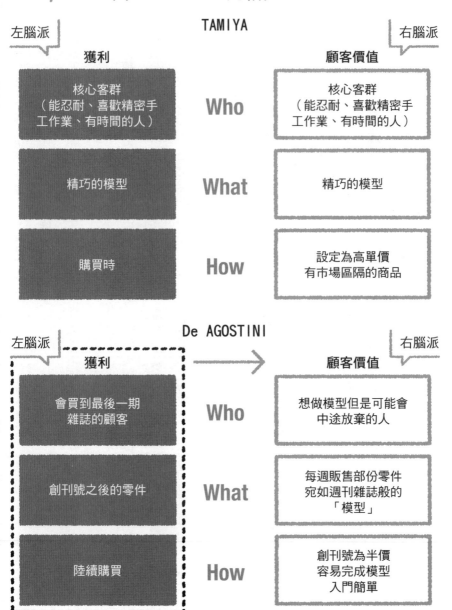

須藤聽完報告，不禁鼓掌叫好。真是太精彩的觀察了。學生也能做到這個程度啊！而且他是因為喜歡模型，所以拿模型的商業模式來探討。我是球鞋迷，所以我也得像他一樣，好好分析製鞋業界的商業模式才行。

須藤看著學生分析自己喜歡的企業，感覺有點羞愧。

「老師，請您補充。」主持人兼班長對片瀨說。

「謝謝武藤。你把自己喜歡的模型分析得很好。De AGOSTINI的商業模式真的非常有趣。我自己是很喜歡收集DVD啦！像是《24反恐任務》影集或者成龍的電影，沒辦法不買耶！唉呀，我離題了。」

學生們都笑成一團。

「那麼，各位有什麼問題嗎？」

「老師……」一位女學生舉手發問。

「我對模型沒什麼興趣，所以不太了解。這跟以信用卡分期購買TAMIYA的模型有什麼不同呢？組裝在一起之後，不就都一樣了嗎？」

「好問題。武藤，有什麼差別呢？」

「嗯，我早就想到會有這個問題發問。因為已經料想到有此一問，所以事先準備好了。這兩種是完全不同的概念。比方說我在TAMIYA分期付款與De AGOSTINI分批購買『姬路城』這個模型好了。假設我用TAMIYA分期付款2年，而且最後完成整個模型，那麼TAMIYA與De AGOSTINI兩者的價格並無不同。但是，如果我中途就放棄呢？不同的地方就在這裡。」

因為是以自己喜歡的東西為主題，武藤回答得自信滿滿。

「如果中途放棄，信用卡公司還是會來催繳卡費吧？但是，購買De AGOSTINI的話，當下就停止付款了。不再需要繳任何費用。所以我把它稱為『收費收到你玩膩為止』。」

須藤在心裡大嘆原來如此。活用左腦思考，就是這樣吧？提問的女學生也點頭表示同意。

「武藤，答得很好。那麼運用分冊型百科全書的知識經驗與這種收費模式，導入『收費收到你玩膩為止』的De AGOSTINI能獲得什麼好處呢？」片瀨繼續提問。

「老師！」很有精神的女學生舉手回答。

「花兩年時間完成對吧！因為知道中途有人會膩，那應該就表示能掌握現在還有哪些人持續在做模型。也就是說，除了已經發行的舊刊，下一期的會購買的人會比上一期少。如此一來，公司就不會製造過量商品。簡而言之，創刊號就算賣出五萬冊，會組裝到最後的可能只有一萬人，那麼就表示不需要製作到五萬份零件。」

「答得真好！一針見血。沒錯，如此一來公司就能掌握價值。反觀TAMIYA，因為是一次賣斷所有零件，所以必須一開始就做足所有量。其結果就是，庫存量過多時，原本能賣10萬日圓的零件，不知不覺就會為了出清庫存而砍到半價5萬日圓。商品一次全部做足量，不只是剛開始會耗費成本，商品價值很有可能下跌，造成二次失血。」

原來如此。「模型」這個解決方案雖然相同，但因為收費方式不同，演變出如此大相逕庭的企業文化。如果再加以調整，最後就會演變成完全不同的商業模式。商業模式還真是恐怖啊！

如果其他業界也以運動鞋進軍市場，那就慘了。須藤假想自己也遇到同樣的情形，雖然倍感威脅，但也了解到分析企業的有趣之處。

MUSEE PLATINUM vs. 除毛沙龍

下一個報告人是位叫做藤本的女學生。

「我對美容美體有興趣，所以今天針對腋下除毛進行分析。這堂專題討論課女同學很多，請容我先跟大家道歉。男同學請不要因為我的報告對女性的想像幻滅啊！」

這堂課的報告，好像都會先逗大家笑。如果這也是片瀨教授事先指導，那就太厲害了。須藤自顧自地感動了起來。

藤本的報告

「我有興趣的公司，是一般的除毛沙龍。我常常收到這些沙龍的廣告傳單，尤其是一到夏天，我這個年齡會特別注意腋下除毛。每到這個季節，除毛沙龍就會以腋下除毛為主題，到處發廣告傳單。

我想，這個商業模式應該是以腋下除毛為契機，讓許多人成為店家的顧客。

如此一來，這種顧客價值提案不僅成立也能夠獲利才對。以煩惱自己毛手毛腳的女性為目標客群，提供低價服務，有時甚至推出低於成本價的服務。相對地，這些沙龍也會在顧客接受服務的

圖表 11 一般除毛沙龍的商業模式

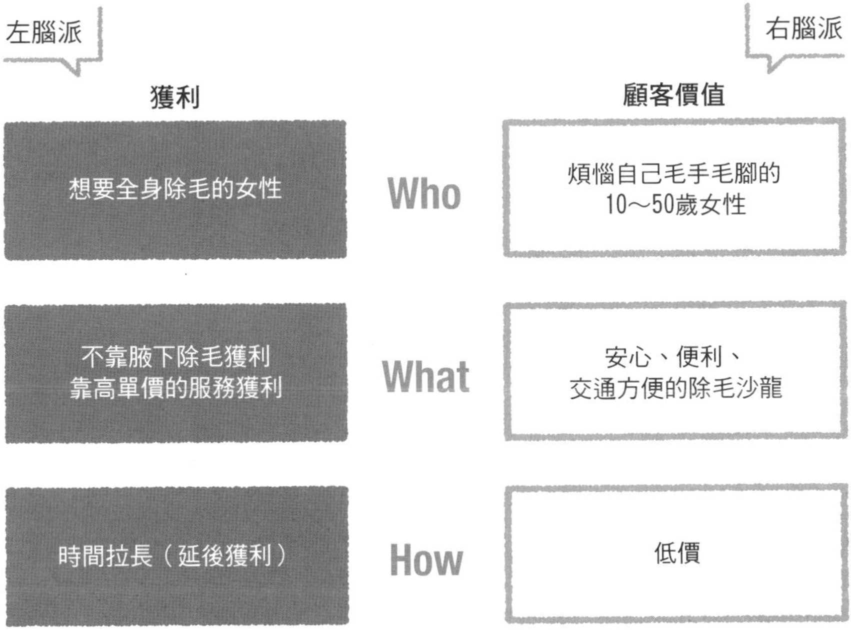

左腦派		右腦派
獲利		**顧客價值**
想要全身除毛的女性	**Who**	煩惱自己毛手毛腳的 10～50歲女性
不靠腋下除毛獲利 靠高單價的服務獲利	**What**	安心、便利、 交通方便的除毛沙龍
時間拉長（延後獲利）	**How**	低價

時候，趁機推銷下一次的服務方案，拉長時間以賺取利潤。

然而，MUSEE PLATINUM卻開出破壞業界行情的價格。現在MUSEE PLATINUM的腋下除毛仍是業界最便宜的。之後，其他公司也緊追在後，展開相同的商業模式，但該公司仍然保持壓倒性的低價。2014年5月現在這個時間點，各位覺得腋下除毛要多少錢？

竟然才200日圓喔！這個價錢已經比星巴克的咖啡還要便宜。除毛不可能一次就結束，必須重複很多次才能完成，但MUSEE PLATINUM是一直到除毛成功為止，都只收200日圓。雖說這是促銷價，但以

想要除毛
就趁現在！♡
完整腋下除毛套餐
現正特價〇〇〇元！
可重複多次除毛，直到您滿意為止
零取消費
零額外費用
現金回饋優惠

原價2600日圓計算，這個金額只能說是破壞行情價格。然而，價格降到這種程度，腋下除毛這個項目本身根本無法獲利。

再者，MUSEE PLATINUM考量顧客任務，而取消業界的成規。譬如不收「取消費」、不收為了強迫推銷而訂定的解約金等等，打破各種業界成規，並且將服務低價化到極致。

公司本來就已經無法靠腋下除毛獲利，卻又更進一步將服務低價化。那麼這家公司究竟要靠什麼獲利呢？我覺得很不可思議。這儼然是一場惡性競爭，我甚至懷疑這種價格無法提供良好的服務。

然而，我卻發現了MUSEE PLATINUM服務又好又便宜的秘密。

圖表 12 | MUSEE PLATINUM的商業模式

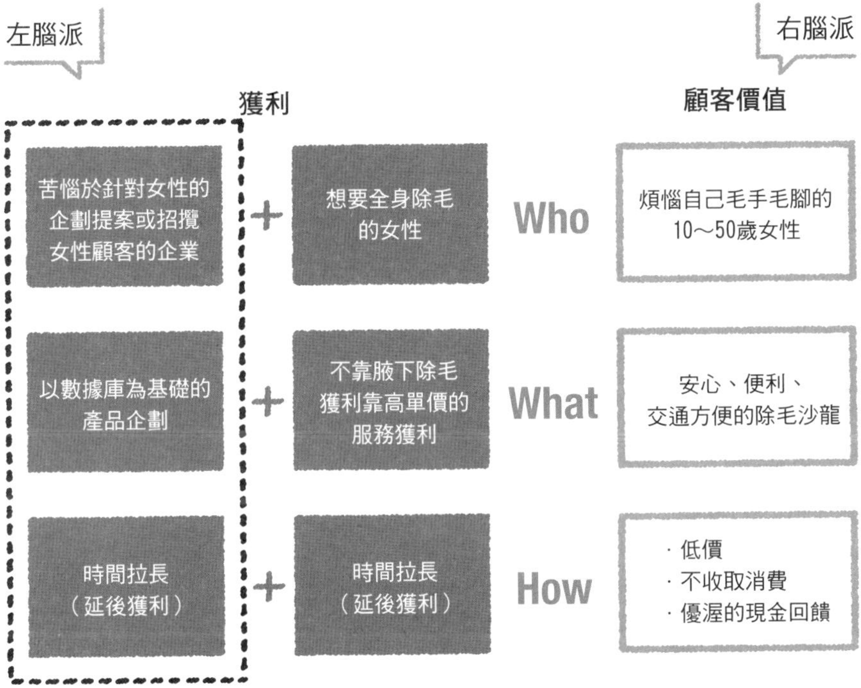

MUSEE PLATINUM的營運公司是JIN CORPORATION，社長高橋仁出版過很多著作，其中也特別談到成功的秘訣在於商業模式。接受腋下除毛服務的顧客，如果繼續購買全身除毛服務固然很好，但顧客會不會這麼做卻無法預測。然而，公司卻可以利用大量接受低價服務的顧客，建構獲利的框架——女性資料庫。也就是說，這家公司在一般除毛沙龍的獲利模式上，附加現在備受矚目的『大數據』元素，將收集到的資訊加工，再販售給企業用戶，向企業端收費。

具體而言，這家公司與松下電器共同開發商品，創造沙龍以外的收費區塊以增加獲利。也就是說，他們以除毛為解決女性煩惱的手段，將獲得的資訊以及累積的知識經驗，用在商品開發上。」

這個報告也非常有趣。Leorias 也在健身、健走等領域，提供產品解決女性追求美的煩惱。在這層意義上，美容美體沙龍的報告確實很有趣。

而且，從消費者那裡獲得的資訊竟然能轉換為獲利結構，真是超乎想像。太厲害了。須藤由衷覺得感動不已。

「針對藤本同學的報告，請片瀨老師講評。」

「藤本，報告非常有趣。這對男性來說是未知領域，但是對女性而言則是重大的煩惱。妳覺得這個商業模式最令人玩味的部分是什麼？」

「我覺得是 MUSEE PLATINUM 改變了業界的商業模式，使這個商業模式普及之後，MUSEE PLATINUM 卻又用不同的獲利方式推翻自己創建的商業模式。」藤本回答。

「我也有同感！商業模式和商品相同，只要成功就馬上會有人模仿。許多人模仿之後，就會變成業界的常識。這本身並沒有什麼不好，對消費者而言也是有利無害。然而，如此一來有異於其他業者的特色就會消失。負責營運 MUSEE PLATINUM 的高橋社長，必定針對這一點下了很多功夫。增加消費者，再用資料庫轉換成獲利。如此才能創造低價提供服務的方程式。我讀過高橋先生的著作，他把這個方程式取名為『REAL FREE』。書已經出版好一段時間了，但他逐步實踐 REAL FREE 戰略仍然十分有趣。」

原來如此。有別於單純的市場區隔戰略和低價戰略，果然還是需要用左腦派的思考來構想如何獲利才行。這家公司脫離製造好產品以高價販售、低成本製造低價販售的思考模式，另外開闢了新戰場啊！一樣是經手女性產品的須藤，感到焦躁不已。

好市多量販店 vs. 折扣零售店

「接下來是今天最後一個報告了。請小川同學上台。」另一位女學生上前。

「我是棒球隊的經理。前幾天因為外宿集訓，必須準備很多烹調用的食材，所以我到尼崎的好市多去採買。我覺得很有趣，這次就挑好市多為題材。」

小川的報告

「一般而言，說到折扣零售店就會有便宜採購便宜賣的印象。雖然便宜賣，但是由於便宜買進有瑕疵的商品，還是能從中賺取利潤。

就算一樣是可樂，也會因為是進口商品或是即期商品等理由而降價。當然，這些都是無害的商品。其他還有從倒閉的公司買來的商品等，許多低價採購的方法。譬如電器產品也有舊型號的產

圖表 13 ｜一般折扣零售店的商業模式

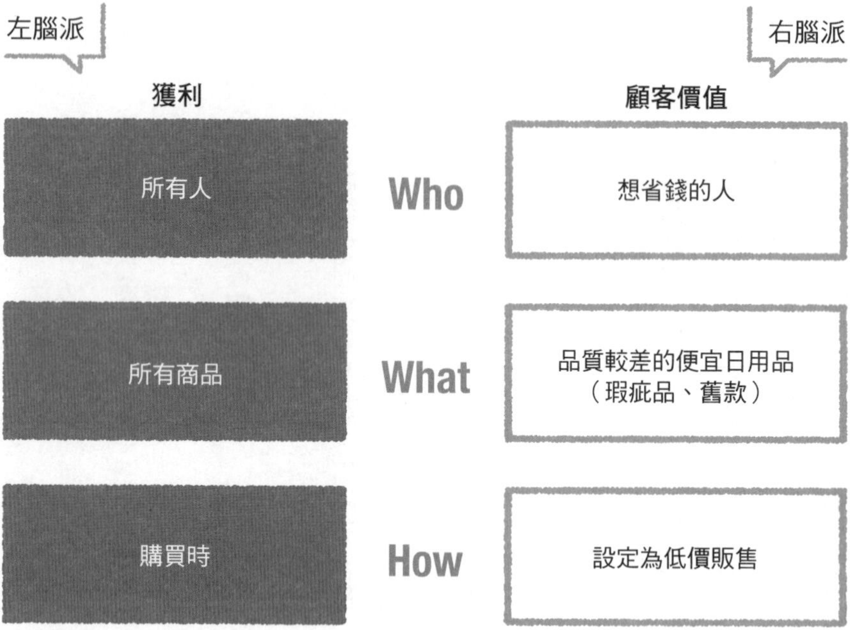

品等等。各位不妨從過季商品的角度來想，就比較容易理解了。

一般的折扣零售店，用左右腦思考框架來看，就會像這樣完全不在獲利方式上下功夫。低價收購便宜商品，加上固定的利潤之後賣出。

相較之下，我前幾天去好市多採買，就看到完全不同的景象。好市多是於1983年創立的美國公司，最近才進軍日本市場。提供壓倒性的便宜商品，而且採用零售的方式。可以說是倉儲型的店鋪，從食品到電器產品應有盡有，屬於大型零售業。用日本的商場比喻，就像更便宜的AEON（譯註：イオン株式会社是日本老字號的商場，共618家分店，

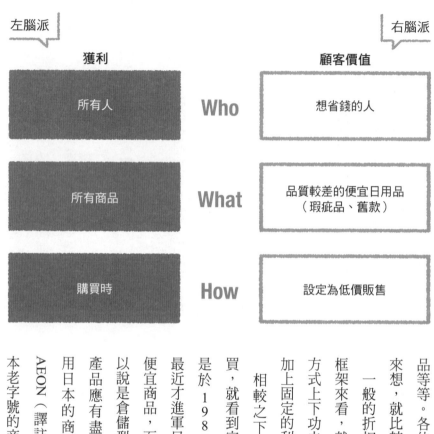

圖表 14 好市多的財務報表①

（單位：百萬美元）

	2011年第3季	2012年第3季	2013年第3季
銷售收入（會費除外）	87,048	97,062	102,870
銷售成本（銷售成本率）	77,739（89.3%）	86,823（89.5%）	91,948（89.4%）
毛利	2,439	2,759	3,053

遍佈日本全國。）一樣吧！

好市多的賣場寬廣，可以自己推著購物車買東西令人興奮，重點是價格也十分便宜。不只食物價格低廉，連電器產品也是令人驚喜的低價。

我因為擔心好市多的營運狀況，所以調查了一番，但是由於是外資企業，沒有詳細的資訊。我找到了英文的財務報表，一邊查字典一邊看報表試圖找出好市多的經營祕訣。就在此時，我發現好市多的銷售成本率高得令人瞠目結舌。

從2011年到2013年的財報來看，銷售成本率幾乎高達90%。像AEON或者Seven & i這種一般零售業，銷售成本率大約在65%，據說這樣已經非常難經營了，更何況是大幅超越至90%，如果是一般零售店勢必會

圖表 15 好市多的財務報表②

（單位：百萬美元）

	2011年第3季	2012年第3季	2013年第3季
稅前毛利	2,383	2,767	3,051
會費	1,867	2,075	2,286
利潤覆蓋率	78.3%	75.0%	74.9%

虧損。

然而，好市多確實有獲利，而且正常繳交稅金。這是為什麼呢？有去過好市多的人應該知道吧！

沒錯！好市多販售商品的價格比一般商家便宜很多，但並非只因為進貨成本低，而是想在好市多購物，顧客必須繳交會員年費。當然，我也是會員之一。

在這裡順帶一提，日本地區的個人年會費為4000日圓不含稅，商務會員則是3500日圓不含稅，若不付年費就無法進入好市多購物。

這項收取年費的政策支持著好市多的商業模式。在下一張圖表當中，顯示好市多的稅前毛利，下方的欄位則顯示年費收入。各位覺得如何？

圖表 16｜好市多的商業模式

左腦派 獲利		右腦派 顧客價值
所有人	Who	想省錢的人
買賣商品的利潤低 但靠會費可獲利	What	可以購買更低價的商品 享受尋寶般的購物體驗
購買前 （先收取會費）	How	設定為低價販售

其實好市多稅前毛利有75%是從會員年費賺來的。如果沒有年費，好市多只能得到極微薄的利潤，甚至產生虧損。

我將以上內容，統整至左右腦並用框架中。

如此一來，就會發現維持低價的獲利特徵。年費收入如同剛才所說明的一樣，更具代表性的則是收費的時間點，並非是在『購買後』而是在『購買前』。

也就是說，好市多因為收取年費而先收到現金，獲得整年的收入。這些收入支撐著好市多的現金流。好市多之所以能夠以現金低價進貨，也是因為有收取年費的關係。我的報告到此結束。」

這個報告連片瀨教授都邊聽邊點頭。不僅查證會計資料，還閱讀英文的年報，實在是非常精彩的報告。

「小川，報告非常精彩。表現得很好喔！無論如何努力經營都無法提供顧客如此低價的商品，所以轉而藉由收取年費獲利。毛利最高的竟然是年費，真是太有趣了。年費收入的毛利是100%，而且是令人安心的現金。分析得非常有條理。」

片瀨繼續說：

「真是一個有夢想的企業。考量顧客的需要，所以想提供便宜的商品，但以進貨價格來看，降價的空間有限。這時候使用這個商業模式，就能做到。在某種程度上來說，任誰都可以把虧損這個大洞給補起來。」

片瀨教授的用意

「謝謝老師！」

下課鐘聲響起，所有報告都結束了。每個學生都精準掌握自己有興趣的主題，並套用左右腦並用思考法。無論哪個企業，都不單只是擁有良好的顧客價值提案，很顯然地每個企業都在獲利的方式下了不少功夫。

須藤比較自己寫的左右腦並用框架表，覺得十分羞愧。

「原來是這樣！這才是左右腦並用思考法啊！」

須藤深刻了解商業模式的重要性，並在片瀨的催促下回到研究室。

「須藤先生，聽完覺得如何？」

「大學生竟然也能做到這個程度，我實在很驚訝。我讀的大學並沒有強制學生參加專題討論，我很羨慕這些學生。話說回來，我大學的時候都在玩，應該要重新學習一次才對。我想如果我是高中生的話，應該去考企管系才對。」

「您客氣了，須藤先生在實務上也十分活躍啊！不需要上大學重新學習一次啦！比起上學，我想好好整理在實務上碰到的問題，向前邁進才是最重要的。今天沒回答您的問題，讓您參加專題討論課，也是出自這個用意。」

直接參與專題的討論，比起直接回答問題更能夠了解商業模式，這是最好的教材。與其講道理不如直接展現實際狀況。須藤心想，雖然平時沒接觸過這一類的人，但企業管理學者還真是有趣啊！

「須藤先生有什麼收穫嗎？」片瀨問。

「有一點……教授，我想直接請教您。我之前所寫的左右腦並用框架，到底是哪裡有問題呢？」

「須藤先生，我說過想看的是商業模式對吧！價值提案的部分的確很有趣。然而，從商業模式的角度來看，一點也不有趣啊！充分考量、執行顧客價值提案，卻幾乎沒有獲利設計。光看這一點就知道須藤先生是屬於右腦派的人。您對金錢方面的事，不太擅長吧？」

原來是這樣啊！自己只顧著注意顧客價值提案，但獲利方式卻與現在的Leorias一樣。也就是說，目前只從自己擅長的「行銷」觀點在思考而已……

「須藤先生在思考顧客價值提案的時候想必興奮不已吧！但是談到獲利，就會抱持先入為主的觀念，認為自己不擅長。這可以說等同於停止思考。」

「是、是的。」

「您的社長所賦予給您的任務是新的『商業模式』對吧！如果是這個樣子的話，這種想法是行不通的。畢竟，這只是一個『新產品的概念』，等於製造出一個有市場區隔的商品來提高利潤而已。」

「您說的沒錯。」

「當然有『新產品的概念』很好。然而，要以產品為中心發展新事業是不可能的。況且，若考量這款鞋佔整體銷售收入的比例，就算提高一個鞋款的毛利，對整體獲利有多少貢獻？我想這也只是『杯水車薪』而已。說來真抱歉，我明明不清楚詳細數據還這麼振振有詞。」

片瀨教授所說一語中的，現狀的確如此。就算這個產品暢銷，考量 Leorias 整體銷售收入，光靠提高一項商品的利潤實在無法期待能有太大貢獻或影響。

「不過，大部分的企業員工都是這樣的。雖然能談行銷，但無法跨足商業模式的範疇，真的很可惜。連 Leorias 都面臨這種狀況，其他同行應該也差不了多少。」

「老師真是無所不知啊！」

「哪裡哪裡。我已經看過數千人的報告，而且也接受諮詢。不只企業員工，日本企業整體都有相同問題，尤其是製造業。所以說，大家都為此苦惱不已呢！」

「是的，我會好好反省。」

須藤尷尬地浮現一抹苦笑。

「要學會從前做不到的思考方法是需要訓練的。總之，現在的 Leorias 需要改變獲利結構的思考。」

「說來很不好意思，社長要求我改變獲利結構，但我現在完全脫離重點，自顧自地埋首於顧客價值提案。因為右腦感覺太過愉悅，不知不覺忽略了其他部分。」

分析與開發的差異

「須藤先生，我必須把醜話說在前頭。」

片瀨繼續說：

「商業模式不能只是解析成功的企業。那只是訓練而已。學生之所以能報告，是因為他們把這些企業當作案件分析，若是要從零開始規劃，他們當然辦不到。如果用考駕照來比喻，學生們現在還只是在駕訓班聽教練講課的階段而已。」

「確實如此。」

「有天他們會拿到臨時駕照，實習道路駕駛。這堂專題討論課，因為有和企業合作，學生可以藉機實踐自己的想法。屆時，我就扮演坐在副駕駛座，幫忙踩剎車的角色。」

這是片瀨今天講得最激動的時刻。

接下來，參與專題討論的學生們都會實踐自己的想法。這堂課就是為了這一刻而進行的訓練啊！

「我知道您經手的 Leocoa 產品大為暢銷，也知道這款產品十分出色，讓凋零的品牌看到一線生機。我和我的學生都不是實際參與企業活動的當事人。所以在這個層面上，我十分敬佩須藤先生。」

「咦?感、感激不盡。」

須藤突然被褒獎,不禁挺直腰桿。

「須藤先生,改變自己的企業和分析別人做的事情是全然不同的。所以,沒辦法像學生報告那樣順利很正常。畢竟,企業有很多限制條件、業界的規則與商業習慣。如果您遇到瓶頸,請隨時跟我聯絡,研究室敞開大門歡迎你。」

「真是太感謝了。今後請您多多提點。」

我要好好整理一下思緒,期待還能再向眼前這位老師討教。

須藤心裡想著今後的安排,離開了研究室。

學習重點 9

超越競爭戰略論的商業模式思考

競爭戰略論當中，由邁克爾．波特提出的基本戰略最為知名。

他的論點指出，要在競爭中勝出必須使用「**成本領先戰略（低成本製作，低價銷售）**」或者「**差異化戰略（提高附加價值，高價銷售）**」其中之一。

從商業模式的角度來看，這兩個戰略可以充分回應顧客價值的部分。也就是說，想僱用某產品的人，用某個價格購買。

低價販售給只需要簡單功能的人，或者高價販售給需要高規格功能的人。在戰略論當中，企業被迫只能二選一。

然而，只要考量獲利，整個概念就會不同。也就是說，即使低價販售，也可以無視獲利。譬如某產品A虧本銷售，但瞄準消費者之後會購買附加的產品B，只要產品B確實獲利，在總和上整體就獲利。

這就是左右腦並用的思考方式。

從前，企業的想法都是針對每項商品設定毛利率，將成本價乘上一定的百分比販售。不管是戰略論還是會計（尤其是管理會計）都有這種思考傾向。

然而，現在企業採用的收費模式，已經放棄這種固定毛利的方式，有時甚至會用低於成本價的價格販賣特定商品，而且還是能產生利潤。

經由這種思考模式，大範圍來看，企業就算不靠大量生產減低成本，也能想出提供低價或者甚至免費產品的方法。

當然，光降低價格勢必虧損，所以這種方法就是要找出其他可以獲利的產品或支付對象。新興企業靠這種手法，凌駕格列佛巨人般的大企業，並且得以推翻企業霸權。

這一章專題討論學生介紹的MUSEE PLATINUM，也是用同樣的手法支撐低價服務，好市多之所以能低價販賣商品，也是一樣的道理。用別的收入來源支撐獲利，結果就是能夠低價提供終端顧客好產品。

第4章

商業模式研究室

當顧客價值與
公司獲利結合時

再次召集計畫成員

與片瀨見面兩天後，須藤邀請五位專案成員在第二會議室集合。

「須藤先生，怎麼樣了？momentum 都已經做好樣品了，應該很令人震撼吧！」前田滿心期待地問。

「這個嘛！」

須藤開口說話，所有人都屏氣凝神地等待後續。

「結果是大失敗。」

「咦？」

聲音中夾雜者驚訝與嘆息。

「怎麼會這樣？」清井說。

「我先說結論好了。價值提案的部分很好，而且概念也很新穎。片瀨教授稱讚這是很好的產品。」

聽到須藤這麼說，清井與岩佐面露安心的表情。

「那到底是什麼問題啊！」

石神追問。

「生產體制……嗎？還是成本上的可執行度之類的？」

竹越喃喃自語。

「不是的，是我誤會商業模式的意思了。」

「怎麼回事？」這次換前田詢問。

「商業模式並非單純只是商品企劃或者價值提案而已。必須要考量如何才能獲利，如果獲利設計不完整，商業模式就無法成立。」

「果然成本才是問題嗎？」竹越說。

「不是的。我發現比起成本，更大的問題是我們有沒有試圖改變獲利結構。」

「所以定價高，我們也設定高單價啊！用這樣的方法來販售……」

「阿清大哥，不是這樣的。這只是在談商品本身而已。我回想社長交給我的任務，他是希望我改變獲利結構。」

一群人專心聆聽，讓須藤繼續說下去。

「我自己擅長行銷，所以才會想到提出特別的價值提案。然而，最重要的獲利，我只想到在商品多加10個百分點的利潤。如此一來，毛利當然會提高。但是，這也不過是公司整體品項中的一款產品，對整體獲利而言只是九牛一毛。不以單項產品為單位，而是以運動鞋事業整體為單位思考獲利方式，才是我們應該做的事。我們必須把這次產品開發當作契機，推廣到整個運動鞋事業當中，進而改變公司的獲利結構。」

所有人都保持沉默。

「須藤先生，還好您有發現這一點。不枉你特地去一趟西都大學呢！」

須藤因為前田的這句話而得以打破沉默。

「就是……就是這樣！」須藤加強語氣。

「所以，我認為現在開始必須運用左右腦思考法。如果我們能夠做到的話，就能改變商業模式。」

成員們都把這個計畫當作自己的任務，接受須藤這番話。

「因此，各位肩負著Leorias今後的走向。大家能否在五天後再度集合呢？請給我90分鐘的時間。我想藉這個機會和大家一起磨練左右腦思考法。各位覺得如何？」

「當然可以。大家都是各部門的代表，當然要一起攜手改變公司的商業模式啊！不過，我們到底要做什麼呢？」

石神表示同意，須藤則以微笑回應。

「那麼請大家先讀完這本書裡面的左右腦思考框架的部分。大家一起切磋，分享學習成果吧！如此一來，對內容的理解速度也會大幅加快。有別於自己一人埋頭苦讀，大家一起學習可以互相確認，效率也更好。」

每個人都點頭表示同意。

「再來要麻煩大家觀察平常會看到的產品、愛用的東西等，什麼都可以。尤其是覺得不可思議的產品或服務，並用左右腦思考架構整理出來，可以嗎？」

「這難度還真是高啊！我知道了。不過就是六個問題嘛！不去試試看怎麼可以呢。大家說對吧！」清井爭取大家的同意。

「那就五天後，仍然在第二會議室集合。這麼說來，第二會議室越來越像研究室了。不如就把這裡取名為『商業模式研究室』吧！」

全員集合

五天之後，所有人在「商業模式研究室」集合。不知道是不是為了要慰勞大家，須藤在每個人的桌上都放了一罐咖啡。對須藤來說，現在能做的事也只有這個了。每個成員都能感受到他的用心。

「那就請各位把資料都交給我，由我來發給大家。如果有份數不足的，請告訴我。我們按照順序開始吧！我們從先發下去的資料開始。首先由竹越先生報告。」

UNIQLO【供應鏈管理部門・竹越先生的報告】

「我之所以選擇UNIQLO，是因為我不太講究穿著。我只要求穿起來舒適，而不重視衣服的設計。如果價格便宜那就更好了。要符合這些條件，只能選擇UNIQLO。UNIQLO給人的強烈印象就是販售品質還不錯價格又便宜的商品，而且在這種條件下他們仍然能維持獲利。一般的企業如果要製作品質好的產品，為反映其成本，售價也會隨之提高。

我們往往認為低價販售品質好的產品無法獲利，但營運UNIQLO品牌的FAST RETAILING（譯註：日本的零售控股公司。持有的品牌包括知名的UNIQLO，以及ASPESI、Comptoir des Cotonniers、Foot Park、National Standard等。）卻仍然穩紮穩打的維持營收。把這個獲利數據拿來跟我們公司一比，著實令人吃驚。

我們公司的做法向來都是提供有市場區隔的商品，當然能獲得利潤。目前的商品，大約都有40％的毛利。另一方面，UNIQLO低價提供品質尚可的商品，獲利情形又是如何呢？他們的毛利率（銷售毛利率）達到50％。這表示他們仍然有賺取利潤的空間。UNIQLO採用SPA模式，身兼經營零售店以及製造商的工作，才能達到這個成果，而且UNIQLO銷售利潤一直都維持在12％左右。

圖表 17｜「現在的」UNIQLO商業模式

左腦派：獲利		右腦派：顧客價值
所有顧客	Who	想購買便宜舒適居家服的人
所有產品（相同的利潤）	What	比起流行更重視品質的服裝
購買時（依照每個產品收費）	How	壓倒性的低價 有名人代言宣傳

也就是說，UNIQLO雖然低價銷售，但在徹底管理成本之下，打造出公司能持續獲利的體質。之所以能達成獲利，是因為製造量大，也就是規模夠大。UNIQLO甚至連原料都盡量在公司內部自行生產，形成一個內部供應鏈。

乍看之下UNIQLO的價值提案與獲利結構並不特別，但這種作法強烈影響整個日本，其實非常驚人。比起商業模式之類的理論，UNIQLO選擇徹底執行戰略論，並且獲得這樣的成果，可以說是實踐戰略論的典範。從這個案例就可以知道，一條路筆直走到底就會帶來成果。」

「這個案例的確很符合竹越先生的

風格呢！」須藤評論道。

「如果我們要用這種方法的話，公司規模太小。」竹越接著說。

「沒錯。不過，各位都想以這個方法為目標對吧！TOYOTA 汽車在汽車業的型態，基本上就與 UNIQLO 的作法類似。尤其是獲利的部分，簡直一模一樣。」須藤說。

所有人紛紛點頭時，竹越繼續說道：

「這個案例表示日本的製造業龍頭，最後在競爭中仍然獲得勝利的情況。然而，如果我們跟著模仿，只會引火自焚。有些企業管理的書籍，都把這個案例寫得似乎很值得學習，但我卻認為非常危險。非大規模的公司採用低價販售，就算營業額衝高也沒有利潤，只會持續虧損。Leorias 也曾經有一段時間，陷入這種惡性循環。話說回來，UNIQLO 和 TOYOTA 當初也不是所有產品都獲利才對，應該是有使用什麼方法，才慢慢達到現在的境界。」

「竹越先生，原來如此啊！負責調整產量的竹越先生才能有這樣的洞見，這對我們其他人來說是似懂非懂的領域啊！真是獲益良多。」

北歐雜貨專賣店 Flying Tiger Copenhagen
【財務部門．前田小姐的報告】

「我調查了最近很喜歡的 Flying Tiger Copenhagen（ＦＴＣ）。這家公司的宗旨是『在固定價格

範圍內，提供更有時尚感的北歐風雜貨』。

FTC在我們公司附近的美國村裡開了第一家門市之後一炮而紅，現在連表參道都有店面，消費者還必須排隊入店採買。FTC的特徵就是色彩繽紛、外型可愛，都是深受女性喜愛的產品。各位在IKEA等公司也可以見到這種北歐風設計的價值提案。

這種商業模式厲害之處在於收費方式。商品的價格帶從100日圓到2000日圓都有，而且每個價格帶都採均一價的方式販售。順帶一提，FTC在哥本哈根開店時，用10克朗（譯註：這裡的克朗指丹麥克朗。1丹麥克朗等於4．9元新台幣。）均一價起步。他們的做法不是依照每個產品的成本加上利潤，而是不同成本卻以相同的價格販售。這種作法讓顧客購買的時候比較容易了解價格，

圖表 18 FTC的商業模式

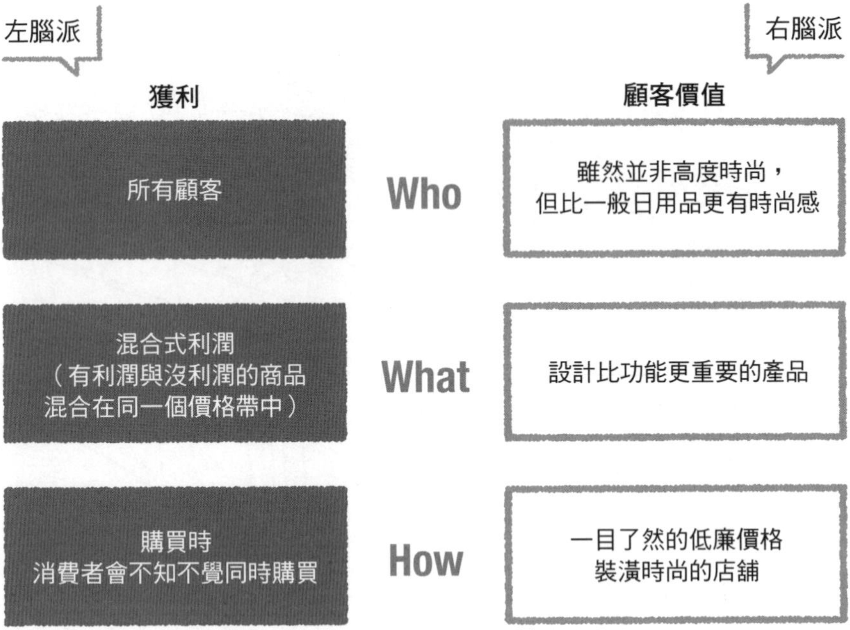

但對FTC而言，每項產品的利潤都不一樣。所以FTC的做法是藉由這些組合，最後整體獲得一定比例的毛利率。

也就是說，將有利潤與沒利潤的商品混合在同一個價格帶中向顧客提案。其中當然有非常吸引人的嚴選商品。

然而，這些嚴選商品必須具有引誘消費者上門的鮮明形象。而且，設計提案必須讓人不知不覺想購買其他能獲利的商品。各位覺得如何？」

「我覺得最近很流行這種手法。神祕的均一價啊！雖然這是很典型的手法，但還是很精彩。」對潮流很敏感的石神開口說。

「我覺得與其說它的提案特別，不如說支付的方法背後隱含什麼秘密吧！」去逛過這家店的岩佐接著說。

「最近居酒屋也有採均一價這種方式，原來每種商品的利潤不同啊……」

清井也開始回想自己去過也採均一價的店家。

「沒錯，重點在於成本，也就是有利潤與沒利潤商品的組合方式。譬如牛丼店裡的牛丼和生雞蛋（譯註：牛丼料理通常會搭配生雞蛋一起食用。），到底哪個利潤高呢？相同的道理，在我們Leorias一直以來都只提供相同利潤的產品提案。服飾業也是一樣都提供相同利潤的產品。思考我們的利潤是否有伸縮空間時，我才發現公司一直都是採相同的獲利方式在販售產品。」前田自信滿滿地說。

「原來如此，這也是必要的手段啊！我完全沒想到。用嚴選商品為主軸吸引消費者，等消費者喜歡上公司產品之後，就會購買其他利潤高的商品了。」

須藤不停地動腦思考。

以印表機為例【行銷部門．石神先生的報告】

「我調查了家裡在用的噴墨式印表機。這是很有名的案例，但重新以左右腦思考架構來看，

圖表 19 噴墨式印表機的商業模式

左腦派：獲利		右腦派：顧客價值
所有顧客	Who	想製作賀年卡 或各式賀卡的人
靠墨水獲利 印表機本身沒有利潤 （或者虧本販售）	What	在家也能輕鬆地彩色列印
使用時 （收費時間差：之後付費）	How	高規格功能 但卻是壓倒性的低價

其商業模式就更為清晰了。雖然在眾多書籍中也可以看到類似的分析，但藉由這個表格可以更視覺化，並且得到新的收穫。

印表機的價值提案是『以十分低廉的價格提供彩色印表機，讓想印製賀年卡或者各式賀卡的人在家也能輕鬆使用』。甚至有印表機本身可能是虧本販售之說，可見廠商就算虧本也要降價售出。

低價銷售的坑洞，要從哪裡補回來呢？如各位所想，就是從『墨水』下手。這是一個用越多賺越多的獲利架構。所以一到年底，印表機的廣告都是拍賀年卡印出來的瞬間。

從左右腦思考框架來看，我了解到

顧客不必現在馬上買能獲利的商品，之後再買也可以。剛剛前田報告哥本哈根的 Flying Tiger Copenhagen 和成為話題的牛丼店，因為會同時獲利，所以在某種層面上，櫃台必須立刻回收一定程度的利潤才行。

然而，印表機是消費者用多少就賺多少。整個架構就是只要持續使用，就能消化有利潤的商品。我發現他們配合利潤組合，並且把收費時間延後，獲利方法十分有趣。」

「印表機這個主題已經可以說是非常普遍的常識，但像這樣分析之後就很有新鮮感。而且，這不但運用 Tiger 的利潤組合概念，還加上收費時間軸的操控，真的是非常精彩的手法啊！」前田的反應，的確符合財務部門的性格。

「原來如此。加上時間差之後，能收費的範圍就更廣了。」須藤豁然開朗。

「我好像在什麼書上看過，這種手法好像叫做『刮鬍刀頭模式』對吧？」

須藤一問，前田就接著回答：「對啊！這好像是吉列刮鬍刀開始的。他們本來已經要倒閉了，所以自暴自棄免費發送刮鬍刀，結果之後有大批人潮排隊購買替換用的刀頭。」

以膠囊咖啡機為例【開發部門．岩佐先生的報告】

「我這次想針對在辦公室也有、家裡也有的產品，探究它背後隱藏的秘密。我選的主題是雀巢

圖表 20 咖啡機的商業模式

左腦派：獲利		右腦派：顧客價值
所有顧客	Who	在家裡或職場中 也能輕鬆喝咖啡
產品	What	咖啡機 （咖啡萃取機）
購買時	How	咖啡機能提供便宜、 好喝又簡單沖泡的咖啡

的膠囊咖啡機。首先，各位不妨想想看，如果在家裡想喝咖啡，你會怎麼做？大部分的人會使用咖啡機吧！把咖啡粉倒進濾紙，再將水加入咖啡機，就會有熱騰騰的咖啡喝了。

許多家電廠商也生產咖啡機，這種商業模式與其他眾多家電一樣，靠售出每項產品獲利。

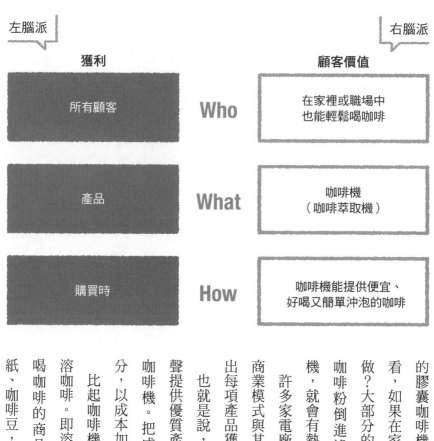

也就是說，廠商是在參考顧客的心聲提供優質產品的思維下，製造這些咖啡機。把成本花在顧客重視的部分，以成本加上固定利潤之後定價。

比起咖啡機還有更追求方便性的即溶咖啡。即溶咖啡是在日本實現輕鬆喝咖啡的商品，不需要咖啡機、濾紙、咖啡豆，也不需要繁複的沖咖啡

圖表 21　即溶咖啡的商業模式

左腦派：獲利		右腦派：顧客價值
所有顧客	Who	在家裡或職場中 也能輕鬆喝咖啡
產品	What	即溶咖啡
購買時 使顧客不斷持續購買	How	提供便宜、好喝 又簡單沖泡的咖啡 靠廣告宣傳普及

步驟。為了實現這種簡單的生活方式，即溶咖啡才孕育而生。

日本雀巢所販售的膠囊咖啡機，是在即溶咖啡普及的日本本土獨創的咖啡機。近幾年喝咖啡的文化為之風行，這是日本雀巢為了擴大金牌微研磨咖啡的消費市場而提出的方案。針對認為不需要喝到像咖啡店那種等級的顧客，強調用即溶咖啡也『可以泡出接近咖啡店質感』。推出這樣充分的價值提案之後，便一炮而紅。

針對顧客容易購買的咖啡機本體價格進行市場調查，把咖啡機定價在9000日圓左右，這個價格與一般5000日圓就能買到的咖啡機相比還是屬於高價，所以無論如何都不能

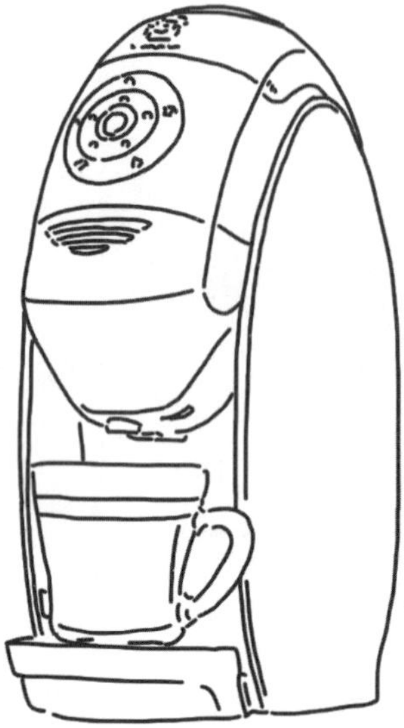

與之競爭。因此，商品定位是要取代價值5～10萬日圓的全自動義式咖啡機。如此一來，消費者對膠囊咖啡機就會有破盤低價的印象。

咖啡機本體的販售價格幾乎等同於成本價，所以光靠咖啡機本身無法充分獲利。這個商業模式有趣的地方，在於不靠咖啡機本身獲利，而是靠消費即溶咖啡的時間差來創造利潤。

而且，咖啡機必須使用專用的補充膠囊，所以和剛剛石神先生報告的『印表機與墨水』或『刮鬍刀與刀頭』一樣，採用置入性（只要使用咖啡機，之後就會因為消耗品而獲利）的獲利模式。從獲利面來看，就能了解『膠囊咖啡機』並不是單純的產品，而是促使顧客消費即溶咖啡的『計劃』。

圖表 22 膠囊咖啡機的商業模式

左腦派 獲利		右腦派 顧客價值
所有顧客	Who	在家裡或職場中 也能輕鬆喝咖啡
靠專用咖啡膠囊獲利 而非咖啡機本身	What	用即溶咖啡也能創造出 類似咖啡店的質感
購買前 （先收取會費）	How	比全自動義式咖啡機便宜 以破盤價9000日圓販售 在家裡即可輕鬆享用

這項商品的主要目的，是由日本雀巢親自掌舵，領導即溶咖啡的全新消費方式，如同其品牌名稱『咖啡大師』，提供消費者類似咖啡館的體驗。

這個計劃的合作對象至關重要。若考量這項劃時代的產品，一般來說應該會將其性能當作賣點，選擇家電量販業者結盟。然而，日本雀巢從一開始就不考慮與家電業者合作。

膠囊咖啡機充其量只是一個引導顧客使用即溶咖啡的工具。最終的利潤源頭來自咖啡本身。如此一來，選擇與大型超市合作才是比較合理的方法。開發膠囊咖啡機的目的本來就不是為了彰顯功能性，而是提供即溶咖啡適當的使用方法。大型超市（食品販售區）因為有一定程度的寬廣場地能夠展示使用方法，所以是最容易讓消費者感受商品價值的合作對象。不單只是製造好產品販售，而是站在顧客的角度思考，如何讓即溶咖啡也能很有質感，促使顧客消費。從這個案例可以看出廠商用真誠的態度在處理這個課題。」

「原來如此，膠囊咖啡和其他商品一比，的確很有趣。這就是所謂的刮鬍刀頭模式啊！而且本來製作『刀刃』的公司，生產出『刮鬍刀』也是滿有意思的。我這才想起，岩佐的確常常喝膠囊咖啡耶！」清井此話一出，岩佐不禁得意地點點頭。

「接下來還能學習很多東西呢！」前田對須藤說道。

「對啊！這些都是各種商業模式的結晶呢！」須藤陷入沉思。

Google【開發部門．清井先生的報告】

「我無論如何都想調查Google。畢竟，現在有太多我不知道的事情。年紀大了，說穿了就是真的跟不上別人的腳步。我幾乎每天都用Google查資料。然而，我身為Google的重度使用者，卻從來沒有付過一毛錢。不僅可以免費檢索資料，還可以跟中國分公司共用Google文件。出差

圖表 23 Google的商業模式

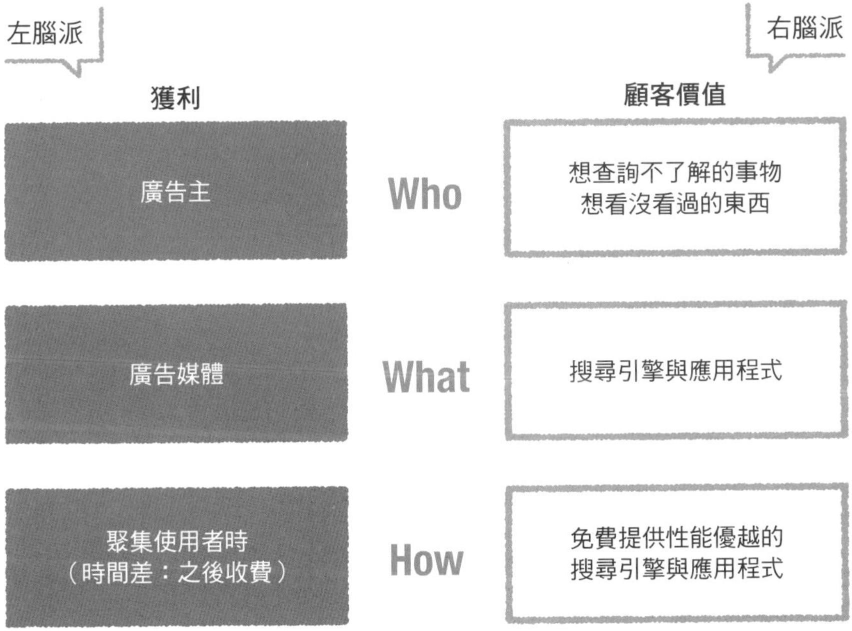

時使用 Google Maps，甚至搬家也是用 Google earth 尋找合適的房子。但是，這些服務全部都免費。

這些免費的服務究竟是誰買單呢？我抱著這個疑問進行調查。

直覺敏銳的人應該都知道答案。利用這次機會我再次釐清到底是誰、用什麼方法，替我們的免費服務買單。答案非常簡單，就是廣告主。我們之所以能使用免費的服務，都是託廣告主的福。

為了證明這一點，我做了一些基本調查。Google 是在某大學的博士課程當中誕生出來的搜尋引擎，一開始並沒有想過要拿來賺錢。然而，隨著用戶的增加必須開始維護系統，製作團隊才開始思考這一筆錢要由誰來支付。這個時候，他們想到與Google利害關係一致的就是廣告。

免費的搜尋引擎，可以吸引一般的使用者。如此一來，使用者就會漸漸地增加。吸引人注意、曝光率又高，並且配合使用者搜尋的相關主題來刊登廣告、根據使用者不同跳出符合使用者需求的廣告，對廣告主來說廣告效率更高。用線上廣告搶佔電視廣告的大餅，令我大為驚嘆。從以前到現在，企業都是讓使用者在某個時間點付費，但Google卻讓這些花在消費者身上的成本，由消費者以外的人負擔。雖然可能是痴人說夢，但如果我們公司也能用這種方式的話，就非常有趣了。」

「阿清大哥，您還真是貫徹了右腦思考法啊！」須藤調侃道。

「對啊！還找到使用者以外的付款方式，真是挖到好東西了啊！」石神在一旁插嘴。

「從使用者以外的第三方收費，稱為**第三方市場**。在網路世界，這種依靠廣告收入的獲利方式十分普遍。但是，除了網路業界以外，這種模式並不普及。」前田接著解說。

「等等，妳看這個。」須藤拿出之前參加片瀨的專題討論時，拿到的資料。

「這個叫做藤本的女生，你看她的報告。前田，你知道MUSEE PLATINUM吧！」

「當然，再怎麼說我也是女生啊！」

「這間公司也企圖用一樣的方法喔！啊！我的案例可能也跟這個差不多。」

「什麼？須藤先生這是在提高自己的報告難度嗎？」前田調侃地說。

「其實我準備了兩個案例。我依序說明。」

Dropbox【業務部門．須藤的報告】

「我在公司跟家裡都有使用電腦，甚至家裡還不只一台。如此一來，會造成什麼問題呢？答案是每台電腦之間的資料傳輸會很麻煩。我一直都是用USB在儲存檔案，但卻碰到大問題。我在沒有備份文件的情形下，直接開啟USB打算更新文件，結果USB本身卻壞了。這種情形似乎時有所聞。

我問過熟悉電腦的朋友，他告訴我絕對不能不備份文件。USB裡的的檔案不能修復，最後真的是欲哭無淚，從此我就開始使用Dropbox。

這是一種記憶體應用程式，只要安裝並且登錄，無論你在哪一部電腦上執行更新，所有電腦裡的檔案都會是相同狀態，所以我才會決定全部改用Dropbox的服務。

也就是說，其實Dropbox的價值提案和USB相同，只是它是在雲端上執行這項服務，非常新穎。

最棒的是，這些服務可以免費使用，無須購買。唯一的限制是，容量只有2GB。其實，這樣

圖表 24 Dropbox的商業模式

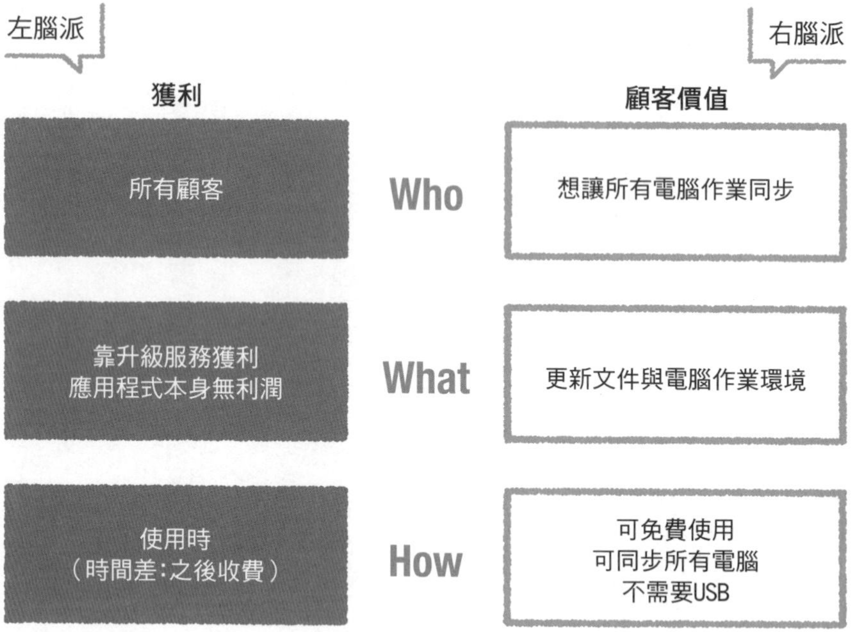

也已經很好了。我免費用了兩年左右，後來因為有儲存照片或影像，2GB漸漸顯得不足夠。這時，Dropbox就提供可以擴充記憶容量的付費選擇。

一年付費99美元，可以獲得1TB的容量。我前幾天才購買這項商品，雖然花了一筆錢，但之後就不用擔心容量不足了。雖然Dropbox每年都會收取費用，但大部分的使用者都願意花這筆錢，而你也可以中途選擇不要這些額外服務。

我調查了這種收費方法，叫做『**免費增值模式（freemium）**』。大部分的使用者都是使用免費（free）功能，但用著用著發現容量不夠，就會花錢購買加值服務（premium），形成一個付費循環。結合兩個單字，這項收費法就稱為免費增值模式（freemium）。

接著，我發現這個免費增值模式與剛才的第三方市場的共同點。這些都是我們平常使用的應用程式。我發現的時候，覺得驚為天人呢！那麼我接著說第二個案例。」

LINE【業務部門・須藤的報告】

「第二個案例是LINE。我用左右腦思考框架分析現在以雷霆萬鈞之勢風靡全球市場的LINE。各位都知道它是一款通訊應用軟體。以前我都用手機簡訊，但自從LINE開始流行，我就都改用這個軟體了。我和女朋友小惠，因為工作時間錯開，如果沒有這個軟體，恐怕早就分手了。

然而，這個軟體也有恐怖之處，最近有不少藉由LINE犯罪、霸凌等行為，都是不當的使用方法。不過，我想能讓新聞、報紙特別報導，就表示LINE真的已經是可以取代電話的生活必需品與基礎建設了。

非常不可思議的是，無論任何人都能使用LINE，就連中學生都不例外。其背後的原因，就在於免費。這是可以取代電話與簡訊的基礎設施，但大多數的人都免費使用LINE。因為我從來沒有付過錢，所以才促使我進行調查。究竟，LINE要靠什麼獲利呢？其實答案非常簡單。

首先是貼圖。這可以說是繪圖文字的進階版，讓使用者能以有趣的插圖進行溝通。雖然官方有提供可以免費使用的標準貼圖，但是大家都為了想要更具有獨特性而購買貼圖，其中以女性為最。

接著是遊戲。LINE不只是可以溝通的工具，它也可以玩遊戲。遊戲隨著進行的階段收費，也就是『加值服務』的形式，這個部分也可以獲利。

最後是官方帳戶與贊助商貼圖的收入。也就是說，企業使用LINE進行宣傳等，必須支付使用費。或者在特賣期間，請廠商製作品牌商標與吉祥物的貼圖等，LINE也可以獲得廣告收入。整合這些做法，就是LINE的左右腦思考架構了。如此一來，便可以由其他的使用者，來支付我們這些免費使用者消耗的成本。」

「須藤先生成長不少耶！真是太令我吃驚了。」前田說。須藤報告時，前田不斷用iPad在Google上查資料，她接著說：「順帶一提，2013年4～6月這一季，LINE的營運收入大約有100億日圓，其中遊戲收費約佔53％、貼圖約佔27％，其他就是官方帳戶與贊助商貼圖的收入。」

「謝謝啊！妳剛才調侃我成長的事情我就饒了妳，多謝妳補充資訊。真不愧是左腦派的前田。啊！我這是在稱讚妳喔！」須藤有點嘲諷地說。

圖表 25 LINE的商業模式

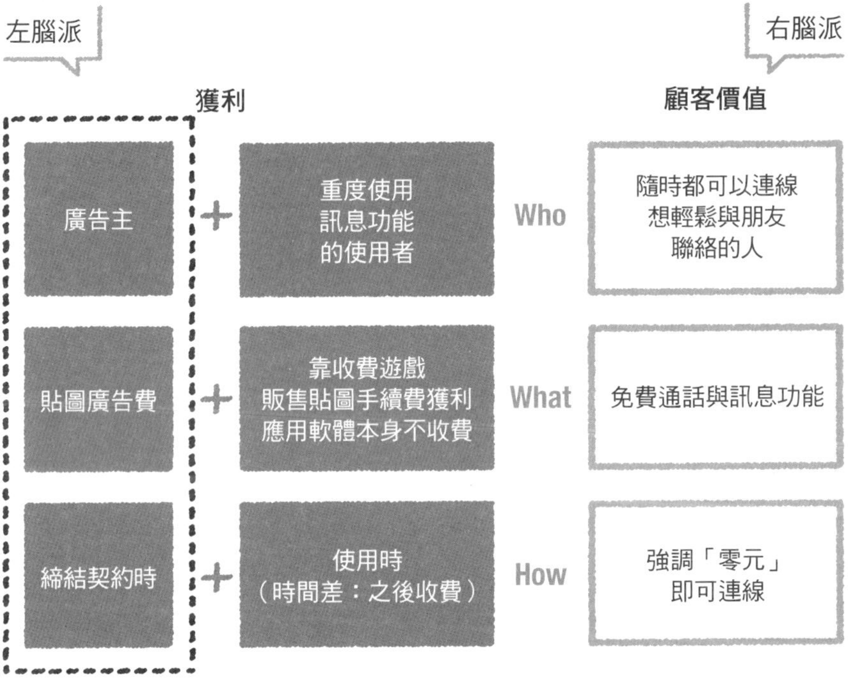

「這樣啊！我們家的小鬼最近一天到晚在玩手機，我問他們在幹嘛，都回我在用LINE，跟朋友一直都用這個在聯絡。」清井一副很困擾的樣子。

「LINE已經變成理所當然的服務了。這種通訊品質還能免費開放，真的很厲害。再來就是收費對象分成兩種，真的是很有趣耶！」

「對啊！經你這麼一說還真有道理。原來如此，我們得好好參考參考！」石神說。

感言

「今天非常感謝各位。我想如果能暫時脫離製鞋業，訓練自己調查周遭的商業模式，說不定可以產生除了賣產品以外的新思維。」

「對啊！其實我是第一次調查這些，實在非常有趣。」

說話的人是竹越。本來覺得他是出於無奈參加的，沒想到發言卻如此正面，大家都面露意外的表情。

「我至今幾乎沒有跟其他部門的同事合作過，就算有也很難理解除了自己以外的工作，但是今天讓我大大改觀。須藤先生、各位夥伴，謝謝你們！」

竹越繼續說：「畢竟，從生產管理的角度來看，還是會覺得UNIQLO的SPA模式或者TOYOTA的看板管理法才是最強的。然而，這些都只是生產體制。商業模式是以讓顧客滿意為前提，公司也能獲利的架構。就算商品本身虧損，也能從其他地方獲利。對於只看眼前產品能否獲利的我來說，真的是大開眼界。」

竹越這一席話非常真誠。這一瞬間，所有成員的心都團結在一起了。

「我以前也是只站在財務的立場，光看數據資料。因為這次機會，我才第一次了解如何用右腦思考滿足顧客。也才了解，原來須藤先生的業務，其實是在做這些事。我一直都在調度金錢或者調整全年的營運數字，能像這樣直接參與產品開發，真的很興奮。」

前田這句話，又再度感動所有人。

「各位成員，我想我們就參考這些發想，展開 momentum 計畫。不論是單純靠產品也好、其他的收入也好，更極端地說，就算產品虧損，只要可以找到與顧客相關的第三方來為公司創造收益即可。請運用大家的智慧一起思考。希望我們可以創造出改變獲利結構而且令人驚艷的商業模式。請大家幫忙！」

在一陣喝采中，會議結束了。

就在此時，大門嘎……的一聲打開，財務部長大山走進第二會議室。

「須藤和前田，你們過來一下。有話要馬上跟你們說。」

學習重點 10

獲利方式的多樣化

這次專案小組發表的案例大多都很有趣。尤其是在獲利方式上下功夫的企業，也出現在報告當中。關於獲利方式的知名著作有亞德里安．史萊渥斯基（Adrian Slywotzky）的《利潤的故事》與克里斯．安德森（Chris Anderson）的《免費！揭開零定價的獲利祕密》。

報告中出現的「刮鬍刀頭」模式，在《利潤的故事》當中稱為「植入型獲利模式」，在《免費！揭開零定價的獲利祕密》當中則稱為「直接內部輔助模式」（Direct Cross Subsidies）。

除此之外，一般提供免費服務，之後再向重度使用者收費的「加值服務」，也是在《免費！揭開零定價的獲利祕密》當中有介紹過的收費方法。由5％的付費會員，來支撐95％免費會員的服務。

線上遊戲等商品，幾乎都是採用這種加值服務的型態。這種收費方法若細數其型式，可以發現有很多種樣貌。

在本章當中，關於獲利的方式，想必各位有不少發現。確認這些獲利模式體系的方法，就叫做獲利模式索引。內容非常簡單，只要把獲利的Who-What-How帶入各種型式即可。照著索引分類，世界上的收費方法大致會集中在以下所述的八個邏輯之內。

請看圖表26，貴公司的獲利邏輯屬於其中的哪一個呢？或者朝著哪一個目標前進呢？您可以立刻回答嗎？

就結論而言，姑且不論企業管理學界，實業界當中創造獲利的方法，以及學習會當中竹越提到的UNIQLO案例，幾乎都是以A邏輯為主。各位覺得如何呢？

獲利模式索引展現有益創造新獲利模式的方法。這些提示有助於企業創造與有異於競爭對手的獲利模式，或者改革既有的獲利型態。

譬如某業界幾乎都採用A邏輯，所以公司則以D邏輯創造收益為目標。

接著，此時也必須修正顧客價值提案。經過反覆修改之後，就會產生新的商業模式，這也是改革商業模式的最吸引人的地方。

無論如何，決心創造獲利最重要的一點，就是在固定的法則之下，如何創造嶄新的獲利型式。

若獲利型式巧妙搭配顧客價值，就能形成更具獨創性的商業模式。

圖表 26 | 獲利模式索引

	從誰身上獲利(Who)	用何方式獲利(What)	如何獲利(How)
邏輯A	從所有人身上獲利	靠所有商品獲利	售出時獲利
邏輯B	從所有人身上獲利	靠所有商品獲利	在不同時間差獲利
邏輯C	從所有人身上獲利	獲利商品與非獲利商品	售出時獲利
邏輯D	從所有人身上獲利	獲利商品與非獲利商品	在不同時間差獲利
邏輯E	獲利對象與非獲利對象	靠所有商品獲利	售出時獲利
邏輯F	獲利對象與非獲利對象	靠所有商品獲利	在不同時間差獲利
邏輯G	獲利對象與非獲利對象	獲利商品與非獲利商品	售出時獲利
邏輯H	獲利對象與非獲利對象	獲利商品與非獲利商品	在不同時間差獲利

各邏輯的詳細說明請參照《改變收費方式的獲利方程式》一書。

第5章

B計畫

正因為處於逆境，
才能激發出令公司
起死回生的大絕招

重大事件

須藤和前田被財務部的大山部長叫去談話，就這樣直接走到社長室。室伏已經坐在沙發上等著，三人進門也跟著一起坐在沙發上。

「你們聽我說。」大山部長開口道。

「其實，我們在兩個月前跟銀行商量新事業增資的事，今天收到正式答覆。銀行表示，不願意再繼續追加融資了……」

須藤和前田面面相覷。

「所以想跟兩位商量……」大山還沒說完，室伏就插話道：「之前說過的商業模式改革案，你們可能期待新商業模式可以和新產品一起大放異彩，但我必須先說，公司沒辦法出任何廣告宣傳費。」

「什麼？」須藤臉色一變。

〈新產品投入市場，竟然沒有廣告宣傳預算？不是吧！這樣根本不合理啊！〉

「須藤，抱歉了。我們公司已經沒有現金。如果再這樣下去，我們就兩手空空了。我身為經營者，希望能減低風險。況且，如果我們投入廣告宣傳預算，卻沒有效果白忙一場，那我們公司就很危險了。不，應該說會真的破產才對。」

「那我們該怎麼做……」

「現在進行的專案企劃，盡量不要增加變動成本以外的追加費用或投資。尤其廣告宣傳的預算是零。」

須藤很想直言：「這太不合理了！」但是卻被前田制止，她輕聲地說：「須藤先生，冷靜一點！」

「社長，我只能回答那句話對吧！我只能回答『我知道了』對吧！」

「抱歉……」

「好，那我知道了。」須藤說著，並展露開朗的笑容。

「放心吧！這個團隊是最強的。他們都是熱愛 Leorias 的菁英，我們一定會做給您看的！」

須藤說完便拉著前田的手離開社長室。

走向電梯的途中，須藤說：「這下慘了。這是賭上公司命運的商業模式改革，但卻沒有預算，我們真的辦得到嗎……」

「須藤先生，這就表示公司狀況已經危急到這種地步，就算咬牙苦撐也要實踐這個計畫。你說是吧？」

「不，我們要用這個計畫，靠這個團隊挽救公司。」

須藤發現一件事。正因為公司處於險境，我們才更要思考商業模式不是嗎？

須藤緊張得好像全身都在發抖一樣。

沒有研發預算

「阿清大哥，其實我有一件事必須跟您報告……」

須藤先開個頭，之後就告訴清井沒有太多研發費用的事。

「什麼啊！就這件事啊？」

清井很平靜地回答。

「其實，在你進公司之前，Leorias 也有過幾次這種危機。不過我們還是沒有放棄研發，沒錢有沒錢的辦法，我們都已經很習慣了。」

「但是，我們一直期待 momentum 新開發出來的鞋底可以大賣，但實際上卻不可能真正執行了。」

「說什麼傻話！我早就想到可能會有這種情形了。所以我有準備『B 計畫』！」

「B計畫？」

「是啊！基本上我本來想把這次計劃交給岩佐執行，那小子也可以趁這次機會獨立作業。他很優秀啊！從零開始發想，做了很多事。我就像是他的輔助輪一樣角色，所以我偷偷準備B計劃。就算他不幸跌倒失敗，也不會給公司添麻煩。」

「阿清哥……」

「不能開發新的鞋底，那我的計劃就能用了。我因為念舊所以偷偷保留這個鞋底。須藤，你看看吧！這是設計『jump・around』的時候留下的老化石。」

清井拿出以前負責開發jump・around時，沒被採用的鞋底。

「這是重視舒適度、空氣會在裡面移動的鞋底。我曾經做過樣品，但因為太過重視空氣移動這個功能，結果產生鞋底彎曲這個缺點。如果放在鞋子上，鞋底彎曲就容易跌倒。以運動鞋來說，當然不會被採用。如果推出這種產品，一定會被笑死。」

清井不禁苦笑。

「不過，這就是我的B計劃。其實我偷偷做了樣品，你覺得如何？」

「阿清大哥！你這個人怎麼設想這麼周到啊！」

運用既有資產，重新展現產品特點

須藤仔細端詳樣品，還叫前田過來試穿。

「阿清大哥，穿著這雙鞋走路會比較穩定對吧？」

「是沒錯，但是一脫下來就會跌倒。前田，妳脫下來看看。」

「啊！真的！會拐一下。」

前田把鞋子立著放、躺著放，確認鞋底狀態。

「不，鞋子脫了之後會怎麼樣都無所謂。」須藤說。

「還有，站著的時候會搖來搖去喔！」

清井一說完，須藤就露出靈光乍現的表情。

「阿清大哥，就是這個！」

須藤穿上另一雙樣品鞋，為了確認觸感不停左右來回走路。

「不知道是不是用到平常沒動的肌肉，我連大腿都開始感到痠痛。這個鞋底可以做出一雙鞋，鍛鍊平常沒運動的肌肉，尤其是深層肌肉吧？」

「你是說，鍛鍊軀幹嗎？」前田問。

須藤點點頭。

「原來如此，那就做做看吧！不過，做這個不容易喔！」

「如果用這個設計重新製作，會花很多成本嗎？」

「這其實已經研發完畢了。接下來只要按照須藤要求的規格，加上外觀就可以了，其實幾乎不會花什麼錢。」

「也就是說，我們只要好好搭配顧客價值販售，就會是一款高利潤的產品了吧？」

「對啊！詳細數字請前田精算過比較清楚，如果是和其他鞋子同價格的話，當然這款鞋的利潤會比較高。而且幾乎不需要開發時間，只需要進行驗證而已。」

「沒錯！簡直是一石二鳥。這是善用現有資源的產品。畢竟，其他公司要從零開始的話也很困難。投資不符合成本，就算知道現在正流行，也不會輕易投入生產。我們一方面可以提出顧客價值，也可以確保獲利。」

「雖然我不是很清楚，不過原來可以做到啊！須藤，你聽好了。我們做研發的，總是會考量整體背景執行工作。畢竟，我們很有可能會讓整個公司的作業流程停擺。我們的工作是把顧客價值轉換成產品。我最近也在教育岩佐這個觀念。我順帶一提，如你所見，那傢伙非常有品味。他設計的鞋面，非常出色。如果再加上我這雙鞋底，可以說是天下無敵了。」

看到清井面對工作的認真態度，以及研發得以繼續的現況，須藤不禁因為放下心中大石而熱淚盈眶。

「阿清大哥，我能抱你嗎？我太喜歡你了。」
「神經病，閃一邊去。」

不花錢的行銷手法

須藤接著來到行銷部門。
「那個……石神先生。」
「喔！是隊長啊！怎麼一臉陰沉？被小惠甩了嗎？」
「嗯，可能差不多了。」
「什麼啊？」
「其實是關於 momentum 的事情。」
「所以到底是什麼事啊？」石神表情一變。
「我們沒有預算。廣告宣傳預算。」
「不會吧！須藤老弟，這次不是社長親自保證，說會給我們大筆預算嗎？」
「社長親自跟我說，公司現在狀況很危急。因為沒有錢了，所以真的沒有廣告宣傳的預算。不過，『商業模式改革』計劃還是繼續進行。石神先生，真的很抱歉。」

須藤深深一鞠躬。

石神暫時遠眺窗外一陣子，回頭對須藤說道：

「很好！那就藉這個機會讓大家見識一下我的實力。須藤你可別把我當作一般的廣告人。我可是製造業界『真金不怕火煉』的 Leorias 行銷要塞。宣傳方法又不是只有一種！」

「真的嗎！？」

「不過，這次不只是展示商品而已，還要思考一些更基礎的東西。不然，我們隸屬『商業模式研究室』就沒有意義了。」

「太、太感謝您了！的確如您所說。」

「這次行銷部不會只展示新產品，也會思考更廣泛的使用方案。也就是說，我們不只負責宣傳，也會負起責任製作宣傳品。」

「好！」

「須藤，你聽清楚了。你進公司之前，我們 Leorias 員工在業界被當作傻子，但我們因為喜歡這家公司所以留下來。我們不是想推銷鞋子，而是想推銷 Leorias，想看見顧客滿足的樣子。我們抱著這樣的想法，才走到今天。就算被減薪我們也還是堅持留下來，大家都是喜歡這家公司才這麼做。如果公司有危機，我們當然會想辦法一起解決。所以，我會比之前更積極喔！一切拜託你了，隊長！」

「是，麻煩您了！」

商業模式研究室

須藤與專案成員聚集在老地方第二會議室。

「我們沒有廣告宣傳預算這件事，我已經跟清井先生、石神先生報告過，兩位都提出對策給我了。沒有預算真的很可惜，但我們還是必須攜手面對困難，思考新的商業模式。」

須藤坦白告訴其他成員預算的事情。

「我知道了。我們SCM部門，基本上是接受價值提案後進行生產，所以不會有太大問題。如果沒有資金的話，就更需要縮短企劃到交貨的時間。我後續會盡量調整加快生產速度，請放心。」

大家都知道，一開始最沒幹勁的竹越，如今也是這個團隊不可或缺的一員了。尤其是從他的發言，更能感受到他對整個團隊的關心。

「須藤先生，我已經聽清井先生說過了。如果能成功結合我設計的鞋面和清井先生的鞋底，不僅可以降低研發費用，也可以成為最好的價值提案。我會不眠不休趕工的。」

岩佐適時給予回應。他一邊接受清井的指導，一邊摸索自己存在的意義。須藤等等所有成員，都滿心期待能讓岩佐看到 momentum 成為成功案例。

「須藤先生，如果沒有資金的話，我們就想辦法自給自足。這是會計的基本功。第一批投入的資金雖然會消失，但 momentum 一定可以獲利。如此一來就能投資下一個階段，如此而已。雖然我經驗不足，但也會盡我所能思索解套的辦法。」須藤因為前田的笑容感到安慰。能有負責財務的人在身邊，告訴我們這些話真是太好了。所有成員都感覺得救了。

「不要把沒錢當作藉口，我們就這樣衝吧！各位。」石神接著說。一旁的清井也微笑著。

「那麼『momentum 第2章』正式開始囉！」

清井的這句話，讓所有成員團結一致。

惡夢

那天會議後，已經過了半年。終於，新產品 momentum 要開賣了。

在沒有廣告宣傳費、沒有研發費的困境中，終於完成這款鞋。因為成本大幅受限，所以外觀看起來十分寒酸。而且，定價還很高。

「說什麼市場區隔，都聽膩了。」

「簡直是大失敗。」

消費者毫不留情地痛罵，還飽受其他業者訕笑。

開賣當天，推特馬上就惡評如潮。

「啊！那時候要是能好好做就好了。怎麼會變成這樣？」

眼裡浮現室伏可怕的表情。啊！我不行了……

嗶嗶嗶嗶嗶嗶嗶嗶嗶嗶嗶嗶！！！

iphone 的鬧鈴聲響起，須藤嚇得跳起來。

久違的星期天假日。小惠這天也配合休假來須藤家。

須藤似乎是在沙發上睡著的樣子。

「沒事吧？」

小惠擔心地問，須藤回答：「沒事。」

那次會議之後，就常常做這個夢。Momentum 失敗的夢。

然而，這次絕對不能失敗。須藤已經無數次預想會失敗，為了一掃這種負面想法，他左右甩了幾次頭，強迫自己思考打破僵局的方法。

就在此時，那本書又跳進視線裡。

〈還是去跟那個人商量吧！〉

那天，大家確實已經團結一致。

但是，沒有資金要如何創造商業模式呢？

須藤打開 Mac 電腦，寄了一封信給片瀨。

再訪片瀨教授

須藤再度來到西都大學，進入片瀨的研究室後，簡單打過招呼，就開始重點式地陳述目前沒有資金但又要改革商業模式的困境。

「原來如此。」

片瀨已經大致聽完來龍去脈。

「所以，我們不得已必須在這樣的狀態下，改革商業模式。但我不知道這條船，是不是真的能開出去，真的非常不安。」

「須藤先生，你還好嗎？」

「咦？什麼意思？」

「一般來說，中小企業都是這樣的。大家都在這種狀態下改變商業模式，才會走到下一個階段。如果做不到的話，就只會被淘汰啊！」片瀨輕描淡寫地回答。

「當事人可是都拚了命在做啊！」

須藤的回答，帶著酸溜溜的語氣。

「話說回來，須藤先生。我們又不是一出生就立刻長大成人啊！」

「什麼？什麼意思？」

「一樣的道理，大企業也不是一開始就這麼大。他們也曾經從私人企業變成法人，歷經長時間的中小企業階段，在這段期間發現一條道路，才成長到能夠使用『勝利方程式』的大企業。當然，也有創投企業一開始就推出熱銷產品，突然間成長為大企業，不過他們也一樣，都在某個時間點，轉換了商業模式。」

「是，這我明白。但是……」須藤話還沒說完，片瀨就開口插話：「你覺得那些公司，一定有資金是嗎？那可不見得喔！起死回生的妙案，在無風無浪的時候是不會出現的。金·吉列（譯註：King Camp Gillette，吉列公司創辦人。）也是這樣啊！Amazon 和 Google 也都是這樣。大家都是經歷過瀕死邊緣，才創造出起死回生的奇蹟，所以他們的商業模式才會成為傳說流傳後世。」

「傳說……嗎？」

「沒錯，這些企業少之又少，而 Leorias 想要擠進這個窄門，卻沒掙扎到最後一刻，才會淪落成現在這個樣子。雖然現在被迫必須改頭換面，但我覺得是很好的時機。」

「原來如此，我們處於轉換期嗎？我們的確曾經年營業額達 300 億日圓。雖然是在我進公司之前，但當時我身為局外人，仍然覺得很厲害。不過，公司的確從那之後組織完全沒有異動，只能隨經濟脈動搖擺，更直接地說，就是看顧客臉色。最後跟不上時代的腳步，可以說是『迷失自我』了。我想或許是因為這樣，業績才會降到谷底。」

「您觀察得很透徹。我了解社長為什麼會重用你了。我想正是因為這樣才要創造不花錢的新革命啊！」

這是片瀨為須藤加油打氣的一番心意。此時，須藤輕鬆不少，並且感覺找回以前的熱情。

「須藤先生，你今天難得來一趟，我就破例幫你上個課吧！我會教授新的理論，讓你今天就從產品的架構開始，擺脫思考束縛。」

學習重點 11

何謂B計畫

商業計畫案如果能就這樣順水推舟獲得成功當然再好不過，但在現今的技術環境與如此競爭激烈的時代中，幾乎是不可能的任務。

因此，我建議與其像以前一樣訂立細緻而龐大的商業計劃，不如從新點子出發，在實踐的過程中建立整個商業組織。

出色的發想，不會輕易出現。

尤其是顧客價值提案的這一個部分，除非是異於常人的天才，否則很難提出令人驚豔的好點子。

不過，這也沒關係。無論如何請先寫下商業模式架構，這就是計畫的Ver.0了。從0開始致力於創造更有趣的Ver.1吧！之後慢慢地修改成Ver.2、Ver.3，最後串聯各個片段的版本（譬如說Ver.5）完成後，就不要再埋首書案之中，趕快採取實際行動吧！商業模式充其量只是個假設，整個故事情節可以順利銜接的話，就先到現場去驗證看看吧！

接下來只需要邊執行邊修改計畫的版本即可！

因為這不同於最初的版本（最初版本為A計劃），所以我們稱為「B計劃」。這個理論框架，就如同其名叫做《B計劃》（由約翰・米蘭斯（John Mullins）與藍迪・高米沙（Randy Komisa）共著），這本書中有更詳細的資料，有興趣的讀者不妨參照。

簡而言之，商業模式是以在現場活動為前提訂定的。

商業模式並非紙上談兵的工作。

只要寫好通順的企劃，就從小規模開始執行。

本章提到的概念，就與埃里克・萊斯（Eric Ries）所提倡並引起創業家注意的「精實創業」理念一致。（譯註：精實創業出自埃里克・萊斯之著作The Lean Startup，中文譯本為《精實創業：用小實驗玩出大事業》。）

第6章

獲利・革新

讓企業與顧客目標一致！

從解決問題的角度重新審視商品

接下來開始片瀨的特別課程。

須藤拿出筆記，並且做好心理準備。

「須藤先生，準備好了嗎？」

片瀨說完，便把白板移動到須藤看得見的地方。

片瀨授課

「首先，重點不是產品而是如何提供顧客解決方案。再來，你必須分析，這個解決方案是否能充分解決顧客的任務。關於『顧客任務』，須藤先生想必已經了解，我接下來會更深入探討這個概念。找到顧客任務而且發現未解決的空間很多，就表示市場裡還有很大的商機。拙作裡用這張圖（圖表27）顯示其型態。

這張圖將重點放在顧客尚未解決的任務上，也就是著重於『顧客任務』。然而，更加重要的是**『未解決的任務』**為何？譬如說，針對顧客的任務，既有商品A未能完全解決，這就是其他公司的商機。抑或者商品A本來就是自己公司的產品，如果能夠發現其未解決任務，就有機會讓產品

圖表 27 未解決的任務才有商機

關注顧客尚未解決的任務

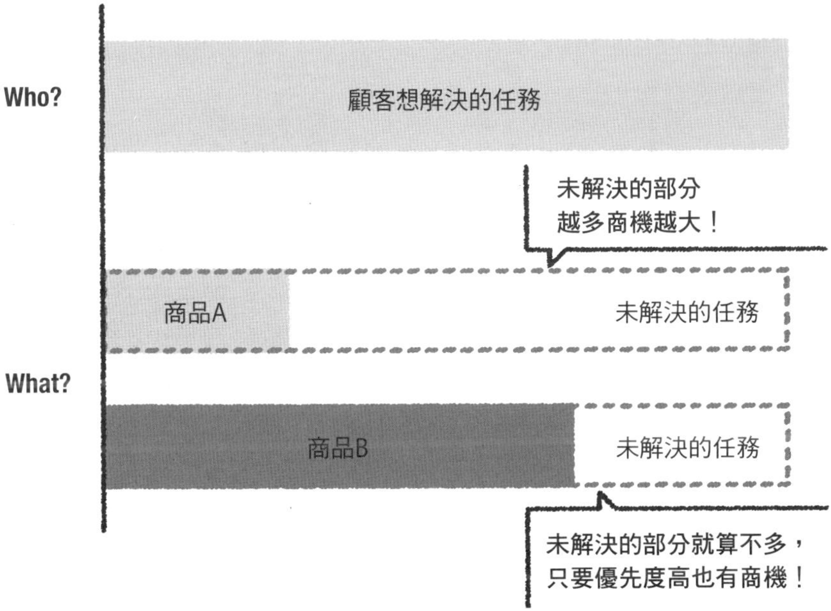

升級。

接著，請看商品B，這項商品能夠解決任務的範圍很廣。在這種情形之下，這種商品雖然會被市場接受，但也並不能說完全沒有缺點。況且，如果顧客重視的部分，並未出現在產品中，其他公司就更有進攻的機會。這時候，關注重點就會移轉至顧客認為重要的部分。值得注意的是，就算商品規格再好也有可能遺漏重要度高的部分。

譬如說，針對國中二年級以上年齡層的遊戲業界，本來都是PS2之類的高性能遊戲機暢銷，但在這之後性能較差、操作簡單的

Ｗｉｉ就登場了。明明是ＰＳ２的性能比較好，卻遭到優先度高的Ｗｉｉ突擊，一舉逆轉市場上的地位。

然而，現在遊戲業界已經不流行桌上機，而是轉向攜帶型的產品。就算性能較差，也會比較喜歡能夠攜帶的產品。如果這種攜帶型的專用遊戲機性能也很好的話，似乎就沒有能乘隙而入的空間了。然而，這裡卻產生一個盲點。由於智慧型手機時代來臨，儘管手機的性能不比專用遊戲機，卻能夠直接使用零碎時間這一點對顧客而言更為重要。

能否盡早察覺顧客的變化與人心的動向，正是『顧客任務』這個概念最重要的部分。講到這裡有沒有問題呢？」片瀨獨自講解完後，對須藤問道。

「我能理解。我們製造商一直都是以產品本身在決勝負。」

「結果發生什麼事呢？」

「淪為規格競爭……嗎？」

「沒錯。接下來就會陷入規格競爭，與顧客漸行漸遠。這種現象，哈佛大學的史萊頓．克里斯汀森（Clayton M. Christensen）教授把它稱為『overshooting』，也就是『過度滿足需求』。提高規格價格也會增高，但顧客卻不會上門。反觀低規格又方便的產品，卻可以吸引顧客。然而，企業卻未注意到這一點，繼續投資在提高規格上，導致敗於小型的新興產業之手。」

顧客的活動鏈

「我想到目前為止應該都可以理解，我接著介紹能夠解答須藤先生疑問的工具——察覺顧客動向的方法。」

片瀨繼續說：

「我們來想想看，什麼狀況下顧客無法解決任務呢？這往往會與解決任務有莫大關聯，所以與其關注產品，不如多觀察產品周邊的事物。觀察可以分成：購買時、解決問題時、後續使用時等三個階段。

顧客為了解決某個任務而僱用產品時，在購買階段會產生各種成本。也就是說，購買時會有很多不便之處。只要讓這個階段變得更簡單，就可以改善一部分的顧客評價。既有的商品非常優秀，但因為必須特地跑到遙遠的專賣店才能買，這種不便之處就阻礙了解決任務的流程。」

「原來如此。」

「再者，解決任務時也會碰到阻礙。具體而言，就是產品很難使用。以技術為中心的公司，會為了做出市場區隔而在產品上過度增加功能。這種情形通常發生在不瞭解顧客想要什麼的時候。企業往往會自認為，只要把功能都塞進商品裡就可以獲得好評，但其實大錯特錯。這種做法，只會讓產品更不好用而已。」

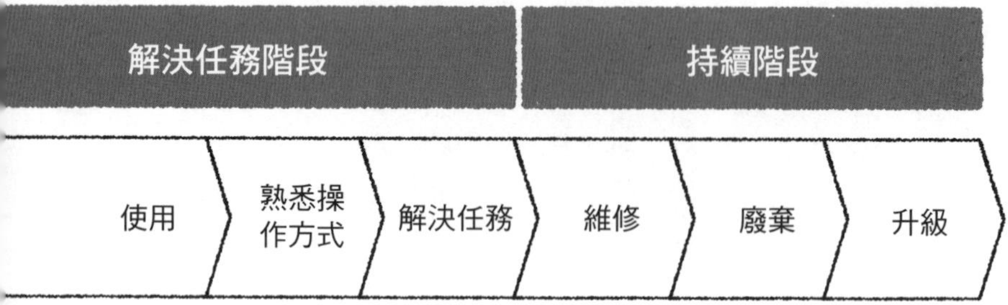

「的確如此耶！」

「我們必須縮小範圍，思考產品可以用在什麼地方？對什麼事情有幫助？可以解決哪些任務？而且，在解決任務之後，還有後續維修的問題。解決任務後，為了繼續使用產品，必須進行維修或者直接廢棄，接著就會出現產品升級的需求。也就是顧客會朝向下一個任務邁進。在這個時候，如果維修或更換、廢棄太麻煩，也會妨礙顧客僱用產品。最重要的事情，就是**一切都必須要站在顧客的角度思考**。從購買、使用、使用後這一連串的流程，都必須要站在顧客的角度思考。能夠俯瞰這一連串流程的，就是『**顧客活動鏈**』。」

片瀨使用Mac電腦，讓須藤觀看活動

圖表 28 顧客的活動鏈

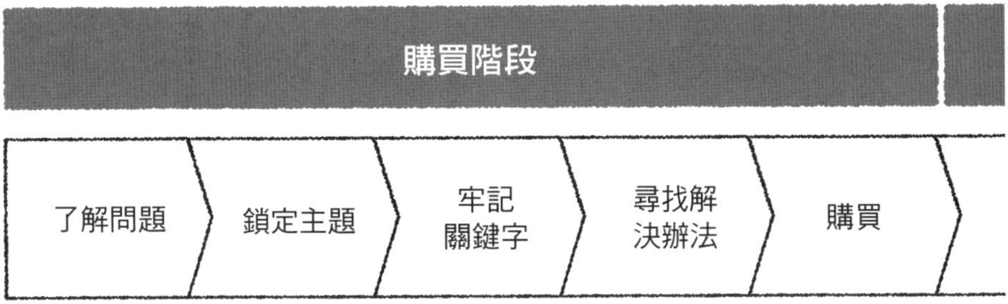

鏈的圖像（請參照圖表28）。

「原來如此，購買前有各種問題，購買時顧客也不單只是購買這項產品而已啊！就算使用產品解決了任務，也必須一直維持相同狀態。如此看來，購買產品後的活動時間反而比較長，所以最後還是要看購買後的表現決勝負囉？」

「沒錯。請看一下這個。」

片瀨邊說邊在白板上畫圖。（請參照圖表29）

寫著「企業活動」的框框裡，由左到右依序寫著「進貨→」、「製造→」、「販賣」。

「這是Leorias的活動模式。如何，符合現狀嗎？」

「購買零件、製造、販賣。的確如此。」

「然後產品賣出去之後，須藤先生的公司就會拿到錢了。是這樣嗎？」

「是的，沒錯。」

因為片瀨問的問題太理所當然了，須藤不禁納悶為什麼會問這種問題？

「所以，你們的目標就是『販售』對吧！」

「是，沒錯。如此一來就能有銷售額，付出的成本也能回收，剩下的就是公司的獲利。對企業活動來說，是再好不過的流程。」

「須藤先生，問題就出在這裡。」

「咦？到底是什麼問題？」

「這就是 Leorias 的活動模式，也是你們的目標。我們從顧客的角度來看看吧！如果從顧客的角度，會發生什麼事呢？」

片瀨邊說邊在剛剛的圖下面，畫上「顧客活動」的框框。

從「販售」下方開始，由左到右依序寫上「購買↓」、「使用↓」、「解決任務」。

「Leorias 賣出商品的瞬間，就是顧客購買商品的時候。當 Leorias 歡欣鼓舞於賣出商品、抵達終點時，發生什麼事呢？」

「啊！」須藤這才恍然大悟。

「沒錯。就財務面來說，Leorias 的『終點』就是顧客的『起點』。等在後頭的一個流程『解決

圖表 29 **讓企業與顧客目標一致**

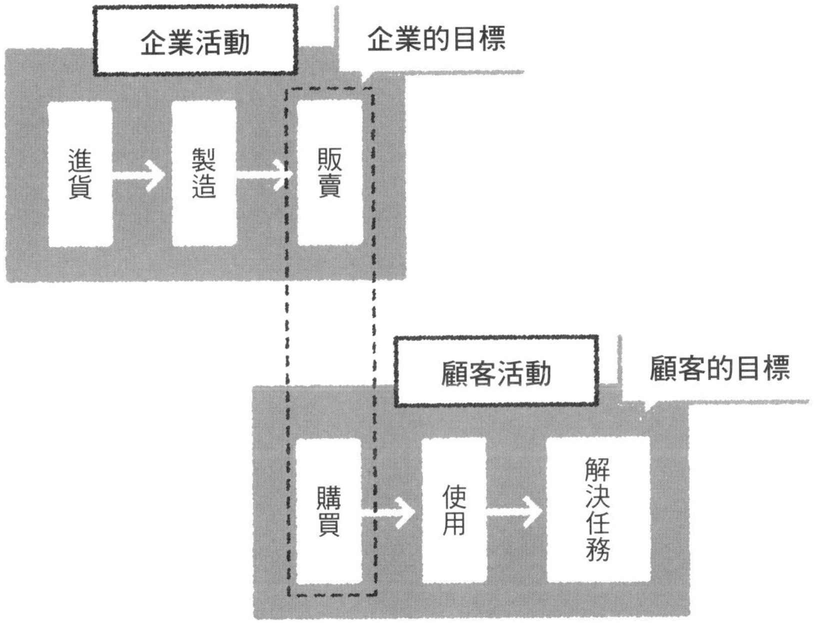

任務』才是顧客的『終點』。」

〈天哪！我怎麼會從來沒注意到這件事!?〉

顧客因為想解決自己的任務，所以才會購買 Leorias 的產品，但我卻從來沒想過顧客購買後有沒有解決任務。

完全忘記思考購買後會發生什麼事。

說不定零售業也一樣。我如果把這個概念告訴 exhibition・sport 的安生先生，他不知道會有多驚訝……

「須藤先生，聽好了。我們本來就沒辦法在顧客購買產品時，當下提供解決方案。顧客購買產品，只是企業與顧客打交道的起點，從這個起點慢慢了解顧客，才能解決顧客的任務。」

須藤一臉疑惑。

「須藤先生，你是 iphone 與 iPad 的使用者對吧！打個比方，須藤先生購買 iphone 時，生活有馬上獲得改善嗎？」

「的確有改變我的生活，可是……」

「那是因為 iphone 是個好產品，所以你覺得買了好東西嗎？」

「不是，使用後我才感覺到它很方便，也改變了我的生活。譬如說，我在移動時也能確認公司的信件，可以買新幹線的車票、訂房間，或者看影片、下載音樂，這些舒適、愉快的體驗與貝殼式手機全然不同，就像我帶著小型的 Mac 電腦出門一樣……」

「所以說，你會購買、下載應用程式來解決任務對吧！」

「是的。」

「就是這樣。也就是說，買了手機本身之後學會操作，最後拿來解決任務。說這不只是單純購買 iphone，而是購買了使用 iphone 帶來的寬廣世界也不為過。因為，你後續還會繼續在這上面花錢，並且越來越沉迷。」

須藤這才頓悟。

重要的是賣出 Leorias 的產品之後啊！

「請回想一下Apple公司的廣告。它不只是在賣產品，而是讓消費者去想像擁有這個產品的生活，究竟會發生什麼改變。當然，沒有這項產品的人就可以與現在的生活相比較，非常容易讓人理解。」

須藤又再次了解這個觀念的重點。我總是只看工具本身，直到『未解決的任務』這個概念出現，我才真正理解整個架構。也就是說，顧客活動鏈這個工具，並不是看產品本身，而是必須找出產品與服務當中顧客尚未解決或者不滿的地方。

「這個活動鏈的意義在於幫助企業了解顧客的生態，並且將此生態圖示化。這個你應該能了解吧！」

沒錯，這我懂。

「然而，如果無法掌握顧客的活動情形，就會描繪出錯誤的活動鏈，甚至無法正確理解顧客的活動。所以我今天才會提議上這堂課。」

Solution・coverage

「教授，我想再進一步思考顧客活動，有什麼好方法嗎？」

「很簡單，只要用 Solution・coverage 即可。」

「coverage？」

「沒錯，coverage 指的是可以覆蓋的範圍。也就是說，必須清楚訂出公司的解決方案（solution）可以覆蓋顧客活動鏈到什麼程度？公司在哪個階段收費？就拿商業書籍來作例子好了。我假設顧客有某個任務，所以寫了『商業模式』的書，再假設我的書是一本暢銷傑作人人都讀過。那麼我可以說，因為這本書解決了世界上所有『想改變商業模式』的任務了嗎？」

「教授的書如果暢銷啊……不，沒辦法解決所有任務。」

「為什麼呢？」

「畢竟只是讀過這本書，不代表就能學會運用方法，而且就算要學會也需要花時間。所以我現在才會在這裡聽教授講課啊！」

「你說得沒錯。這一點對 Leorias 來說也是一樣的。」

「就算 Leofit 與 Leocoa 這些產品再怎麼好，顧客也不可能因為穿上運動鞋就解決所有任務啊……沒錯，的確如此。不是這樣就能解決顧客的任務，為了讓顧客學會使用產品，還有其他事情必須更明確地傳達……」

「這和剛才用 iPhone 思考一樣。iPhone 這些 Apple 的產品，幾乎沒有操作說明書，等於是叫使用者自己邊摸邊學。須藤先生，你認為這種作法如何？」

「我很可恥地買了說明書耶！因為我很早就從貝殼機換成智慧型手機，當時完全不知道怎麼用，所以買書來學。」

「你看，這就是你用別的手段在解決任務。」

「啊！」須藤這才發現確實如此。

「而且，從 Windows 換成 Mac 也一樣。我到書店去買教學書，邊看邊學。時間更往前推的話，使用 Windows 的時候我才剛開始用電腦，不知道怎麼操作就去買《快速學會 Windows》之類的書，也去上過電腦補習班。」

「沒錯。當一個解決方案無法完美地滿足你的需求時，會由其他的解決方案來補充。譬如使用電腦，本來應該是有『想使用網路』或者『想做一個有趣的報告』等任務。

解決任務階段			持續階段		
閱讀（了解思考方式）	理解	在工作現場嘗試	持續嘗試	加以應用	內化為自己的技能
○	○				
○	○				
○	○				
		○	○	○	
○	○	○	○	○	○

如果是『想做一個有趣的報告』那任務就更難解決，畢竟整個報告的流程或過場的笑話，再加上如何讓內容簡單易懂等等，光是靠電腦是無法解決這些任務的。」

「原來如此！這樣一來，視野就更寬廣了。」

「回到剛剛提到的商業書籍。須藤先生因為有『改變 Leorias 的商業模式』這個任務，為了實現這個目的所採取的解決方案，首先就是閱讀商業書刊。順帶一提，除了這個方式以外，還有參加演講或研習、去聽研究所的公開課程、甚至貴公司的社長可以聘請顧問、讓須藤先生去商學院進修等其他選項對吧！」

「是的。」

圖表 30 試著在顧客活動鏈上標註解決方案

	購買階段					
	企業發現問題	縮小主題範圍	牢記關鍵字	尋找解決方法	買書	
商業書籍					○	
演講						
公開課程						
研習						
顧問						
MBA						

「我們把這些事情套用在活動鏈上看看。首先，每個解決方案若有針對顧客活動提出方法，就在圖表中用○標記。如此一來，各種解決方案在哪個部分對顧客有幫助就能一目了然。」

須藤凝視著顧客活動鏈，看著片瀨在上面一一填上記號。

「這每個解決方案都是為了解決商務人士的任務而僱用的。商業書籍雖然是最簡單的解決方案，但不能保證你閱讀之後就能理解、實踐、甚至內化成自己的技能，這單純只是提供自我學習的材料而已。將書籍內容以現場說明的方式呈現，就是演講或專題討論，基本上它負責『閱讀』＝『了解』的這段活動。進而能加上『理解』功能就變成研習了。研習加入練習或工作的元素，能讓學員更加理解內容。」

「是的，正是如此。」

「最重要的是實際工作時嘗試應用書本的內容，最後連結至成果的活動鏈。除此之外，也有不管讀者的理解為何就突然提供解決方案的商品，這屬於顧客提案的解決方法，並且在提案後向顧客收費。」

「這我了解。」

「最後，商學院是可以囊括最大範圍的解決方法。不過，商學院雖然有教師，實際上還是必須靠自己的力量才能走到最後。能夠撐到最後的話，這些知識就會成為自己的財產，只是相較之下必須付出時間、勞力等龐大的成本。」

「也就是說，這些解決方法都有不同的守備範圍，收費範圍也隨之不同，也因為如此才能共存共榮。」

「沒錯。各種商品或是服務，都在顧客一連串的活動中各司其職，並且被賦予不同價格。也就是說，只要從僱用商業書籍是為了『解決商業上的問題』來思考，就能看見活動鏈中其他的服務。」

「原來大家都在做這些事。重新審視解決方法之後，越來越了解社會的運作了。」

「須藤先生，現在感動還太早了。現在才開始要更深入探討呢！」

收費範圍

「現在活動鏈當中已經標上記號，但提供解決方法與是否收費是兩個不同的問題。」

「怎麼說呢？」

「有些案例提供了解決方案，但卻不靠這個獲利，而是在別的地方獲利。因此，接著我們就來看看，每個解決方案在哪裡收費。這就是所謂的**收費範圍**。剛剛的○如果有收費，就塗黑改成●。」

「喔！原來是這樣。」

「其實出版社不是在賣書，而是為了解決商業上的問題而存在。如此一來，出版社以能夠解決讀者商業上的問題為前提，收取書籍費用。最好的證據就是，很多書籍出版的型態都是出版社配合商業書籍舉辦研習或演講後才出書。」

「也就是說，出版社知道書本當中本來就會有未盡事宜，所以事先準備其他的服務來補充？」

「沒錯。而且並不是事後追加，而是事前就已經準備好了。其實，這就是商業模式最有趣的地方。」

「哇！」

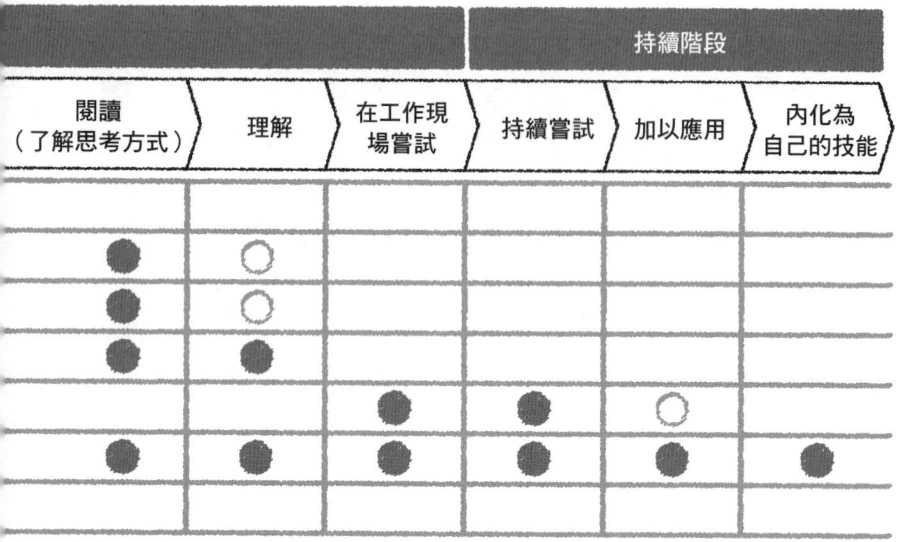

			持續階段		
閱讀（了解思考方式）	理解	在工作現場嘗試	持續嘗試	加以應用	內化為自己的技能
●	○				
●	○				
●	●				
		●	●	○	
●	●	●	●	●	●

「須藤先生經手的產品，是因為什麼任務而被僱用？你看準了顧客的任務時，顧客一連串的活動鏈呈現什麼狀態？這當中有哪些是Leorias可以涵蓋的範圍？這些就是新的解決方案，也是可以收費的重點。」

「教授，太厲害了！我懂了。」

「如果這個活動長期被忽視，那麼新興的創投企業很有可能突然出現。如果用現在這個例子來看，『牢記關鍵字』這個部分，在網路上就出現相關服務。這些服務發掘商業書籍或雜誌、網路新聞的價值，並介紹給讀者（主題資訊）。最近有『Gunosy』或者『NewsPicks』之類的網站。這些網站所提供的服務，都是把既有的數位內容整理之後介紹給讀者而已，就

圖表 31 Business model・coverage

	購買階段				
	企業發現問題	縮小主題範圍	牢記關鍵字	尋找解決方法	買書
商業書籍					●
演講					
公開課程					
研習					
顧問					
MBA					
主題資訊	○	○	○	●	

算是小規模、無資產的個人或公司都可以做。」

「的確，是這樣沒錯。」

「其實這種服務以前就有了。譬如說，你和女朋友去高級法式餐廳的時候，會做什麼事呢？」

「啊！侍酒師！」

「沒錯。侍酒師從高級紅酒當中選出適合客人的酒，並收取相應的報酬。」

「經教授這麼一說，才發現的確如此。和我這種從事製造業的人不同，也有在其他重點上收費的職業啊！」

「比方說，如果出版社和提供這些服務的企業合作提出企劃，那麼出版社也可以收費。又或者出版社也會想知道顧客注意哪些關鍵字，這時候亞馬遜等網路書籍業者只要抽取顧客在檢索欄裡面輸入哪些字，就可以輕鬆知道大多數人現在對什麼有興趣。像這樣掌握顧客的活動，就能發想各種解決方案，並且形成收費重點。」

須藤此時想起之前做的練習，整體融會貫通。

「原來是這樣啊！自動吸塵器 Roomba 和圓筒式吸塵器 Dyson 並用，就能完美解決像小惠那樣愛乾淨的人的任務了。」

須藤回想起當時吸塵器的例子。

「我們來把這些概念做個整理吧！依照商業類別寫下活動鏈，用○標記業界當中誰已經解決哪些部分。如此一來，哪個階段出現尚未解決的任務就一目了然。其他業界如果也針對相同任務，嘗試提出解決方案，就一併記錄下來。有標記的地方，若也同時收費就塗黑改成●。如此，就算企業收費的時間點稍有偏移，都能馬上看出來。用這個做法可以同時掌握解決方案與收費區塊，我把這個方法稱之為『Business model・coverage』。」

「教授，我已經不知道該怎麼感謝您才好了。」

「我也沒做什麼值得你道謝的事。不過，如果你進展順利，請讓我在書裡寫下你這個案例。我之所以會在各個企業當顧問，就是為了收集更多案例。」

「原來如此，當然要讓您寫啦！無論如何，我會先取得社長同意的。這個改革如果能成功，就是教授的作品了！」

好萊塢知名鉅片如何獲利

「話說回來，須藤先生喜歡看電影嗎？」

「喜歡啊！放假的時候常常和女朋友去電影城，偶爾還會一天連看好幾場好萊塢鉅片，超喜歡看電影的。」

「那你應該看過《星際大戰》吧？」

「我是超級粉絲啊！舊三部曲（1～3）我都看完了，新三部曲（4～6）也沒錯過。」

「那你知道《星際大戰》是怎麼獲利的嗎？」

「不知道。」

「據說好萊塢電影中，只有五分之一的電影可以靠票房收入打平製作費。娛樂產業泰斗沃蓋爾（Harold L. Vogel）的著作中，顯示票房收入跟其他的影片、DVD、電視等收入相比，只佔整體收入的20%。如果考量授權業務的話，那麼票房收入的比例會更小。」

「什麼意思呢？」

「也就是說，現在的好萊塢電影，比起電影院的收入，更在意其他收入，整個製片計畫都是為了其他收入擬定。由於電影院的門票都是固定價格，所以不會有價格上的變動。因此，入場人數

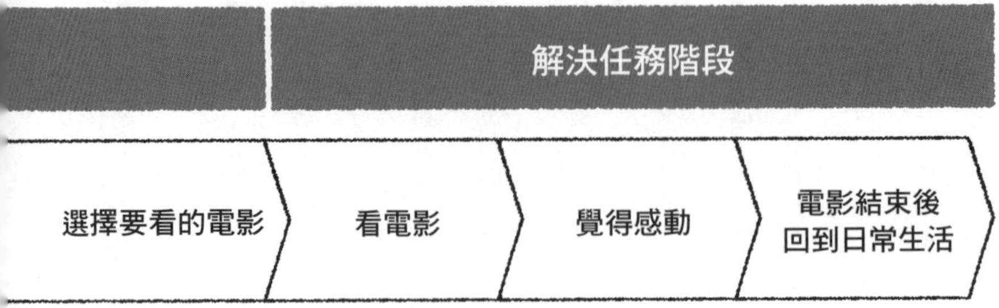

就變成收益的重點。如果只考慮電影院的收入，就必須從票房收入裡扣掉播映費用（電影院的傭金），電影公司關心的是，扣掉這些費用之後可以回收多少製作費。然而，顧客的胃口越來越大，製作費急速升高。很難靠電影院的票房收入來回收必要的利潤。」

「變得越來愈難獲利。」

「沒錯。在這樣的電影業界當中，喬治．盧卡斯所製作的電影《星際大戰》，採用了十分具攻擊性的獲利邏輯。《星際大戰》本來就是喬治．盧卡斯（George Walton Lucas）耗盡心血導演的電影，主角路克（Luke Skywalker）這個名字甚至是用自己的名字取的。如果『讓客人看完電影之後回到日常生活』是任務的目標，

圖表 32 活動鏈

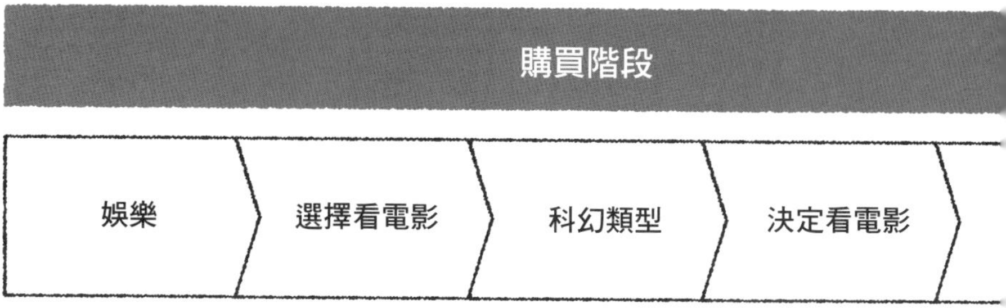

那麼活動鏈就如同接下來的表格（請參照圖表32）。

話說，盧卡斯當時還只是個初出茅廬的新人，也是個冒險家。讓新銳導演去製作很花錢的科幻電影，還要在電影院播放，播映公司認為這是一件風險很大的事。這時，盧卡斯表示不需要電影院的票房收入，把播映權免費讓給二十世紀福斯影片股份有限公司。雙方談妥後，福斯把《星際大戰》配給眾多電影院，以試映會的方式登場。我針對目前為止的活動，整理福斯與盧卡斯影業的解決方法、收費區塊之後，內容就如下一張表所示。（請參照圖表33）

盧卡斯提供電影內容作為解決方案，但卻完全不收費，在電影院收看的解決方案

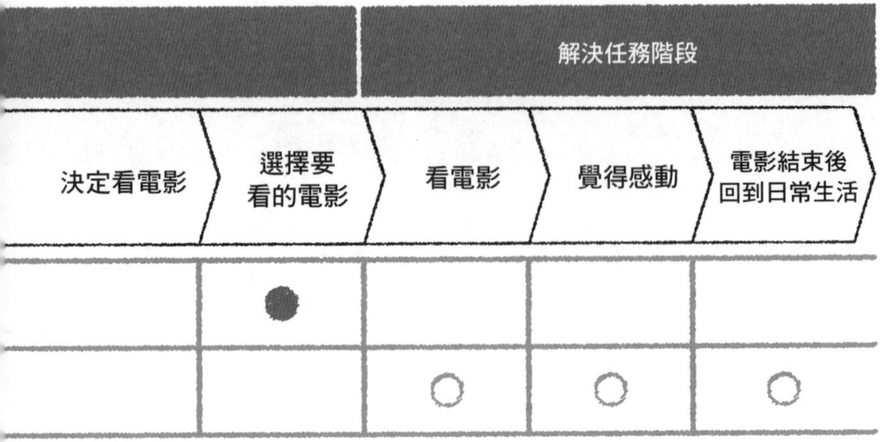

與收費權力都交給福斯。看到這裡，會覺得盧卡斯這種作法完全不可能獲利。然而，盧卡斯真的這麼愚蠢嗎？其實並非如此。它其實掌握了很重要的收費區塊，甚至創造了好萊塢之後的商業模式。」

「那究竟是什麼方法呢？」

「盧卡斯針對《星際大戰》系列與二十世紀福斯影片股份有限公司簽約時，取得電影相關的商品規劃權（周邊商品販賣）。盧卡斯認為，反正科幻電影成本這麼高，不可能光靠電影院的票房收入回收資金，更不用想靠票房獲利。反觀福斯卻不覺得周邊商品可以賣得多好。就結果而言，大家都知道不僅電影大賣座，人物公仔以及周邊產品等還造成購買熱潮。

藉由這個手法產生電影以外的獲利，最

圖表 33 | 福斯與盧卡斯

	購買階段		
	娛樂	選擇看電影	科幻類型
二十世紀福斯影片股份有限公司			
盧卡斯影業			

後都握在盧卡斯的手中，它成功實踐了這樣的獲利邏輯。據說光是最初的三部曲就已經讓盧卡斯獲利40億美元，六部曲合計獲利150億美元。順帶一提，六部曲的票房收入合計也才45億美元，可以說盧卡斯真的相當精明。」

「盧卡斯還真是聰明啊！」

「盧卡斯身兼電影導演與製作人，卻放棄電影本身的獲利。無論如何，讓他的電影能在戲院播放才是最重要的。盧卡斯決定犧牲電影，靜待之後的收入，或者靠之後的解決方案（產品）來滿足顧客。」

「原來如此。」

「如果看了電影覺得很感動，之後就會想繼續沉浸在電影的世界觀當中。尤其是青少年，還是會想要買玩具。然而，當時

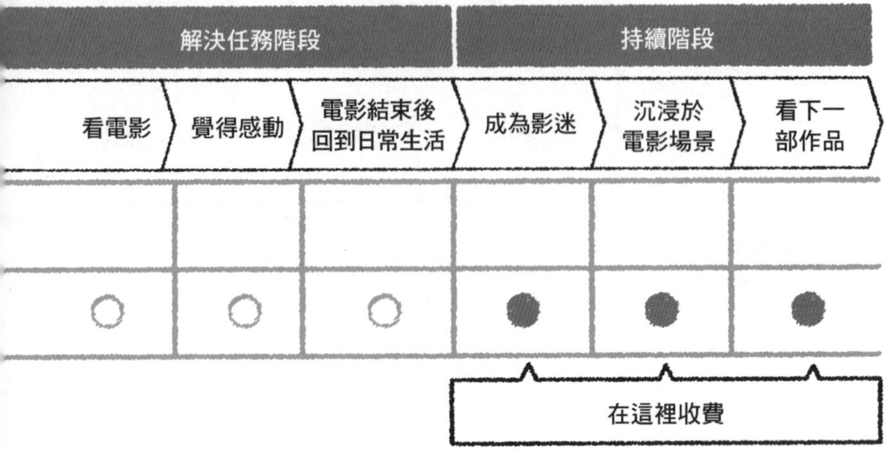

卻沒有製作人從頭到尾完成這些事。明明被作品感動，但卻沒有可以帶回家的玩具，熱愛電影成痴的盧卡斯一定也發現這個問題了吧！也就是說，他發現了『解決方案的真空地帶』。

盧卡斯深知活動鏈並非『看完電影回歸日常』就結束，而是之後會變成支持者，最後甚至成為『星際大戰迷』。屆時勢必需要相應的解決方案，在這種時候收費獲利才會更大。（請參照圖表34的「持續階段」）

這個方法，已經成為現在好萊塢電影的主要商業模式。像這樣不直接從看電影的人身上獲利，而是藉由喜愛電影角色的人購買周邊商品獲利，這就是盧卡斯的獲利邏輯。」

圖表34 星際大戰迷的活動鏈與 Business model・coverage

	購買階段				
	娛樂	選擇看電影	科幻類型	決定看電影	選擇要看的電影
二十世紀福斯影片股份有限公司					●
盧卡斯影業					

「太厲害了。」

「而且，這個獲利邏輯還有下文。如果電影角色深受觀眾喜愛，推出續集仍然會賣座，使得電影本身也能獲利，藉此得以製作規模更大的作品，產生良性循環。

迪士尼也採用這個方法論。美國迪士尼就是先讓角色在電影中登場，如果角色受歡迎，之後就會成為迪士尼樂園等主題樂園的遊樂器材，創造持續性的獲利。」

「這麼說來確實如此。」

「迪士尼於2012年收購美國漫畫公司—漫威漫畫（Marvel Comics），從此展開版權事業。2012年所上映的《復仇者聯盟》，全世界票房收入有15億1千萬美元。另一方面，其角色周邊商品在2012年度的銷售額卻破天荒地

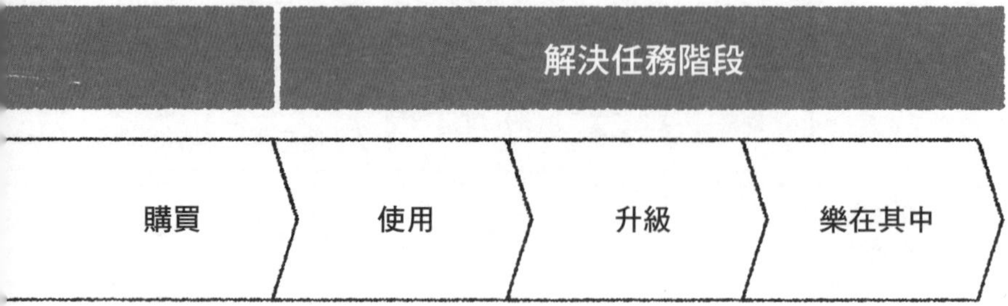

達到394億美元。

這種做法，開啟不再單獨計算電影本身的獲利邏輯。電影儼然只是宣傳角色的手段，電影本身只是宣傳角色的預告片而已。最後，角色本身成為能獲利的重點並產生持續性的獲利。其他能收費的部分還有電影原聲帶、小說、漫畫或者電玩等各種產品。娛樂產業在非常早期就已經奠定了先驅性的獲利邏輯，所以才令人興味盎然。」

「原來如此。」

社群遊戲

「你知道日本也有像這樣視野宏大的冒險家嗎？」

圖表 35　電玩使用者的活動鏈

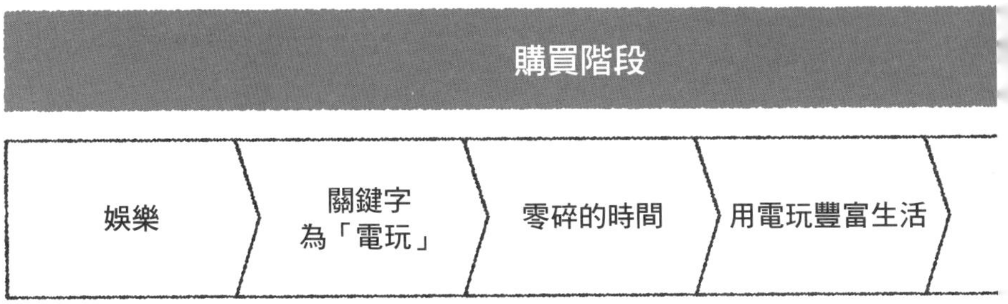

「日本也有？」

「我說的正是日本的電玩產業。這個產業每年都會汰舊換新，變動十分劇烈。我們先照時間順序來看。首先，先寫下玩電動的人，他們的活動鏈。可能每個人各有不同的想法，我們暫且假設這些顧客利用電玩來當作平時的娛樂或打發時間。」

（參照圖表35）

「原來如此，如果一開始就從『娛樂』而非『電玩』的來看，馬上就能理解了。跟剛才的電影是相同道理對吧！尋求解決方案的人，將關鍵字設定為『電玩』，他們其實是『想妥善利用零碎時間』。」

「沒錯。最後的目標就是讓他們開始玩電動，並且為電動著迷。」

「這個例子很好懂。我們公司也有人出

社會之後還是一直在玩電動。」

「而且，他們還會購買遊戲機等產品。這些生產遊戲機的電玩廠商有SONY、任天堂、微軟等公司，但最近社群遊戲都把顧客既有的智慧型手機當作遊戲機呢！」

「我也沒有買專用的遊戲機，反而常常用智慧型手機在玩遊戲。尤其是LINE的《波兔村》（Pokopang）之類的遊戲。」

「沒錯吧！現在的大學生也幾乎不用遊戲機，而是用智慧型手機在打電動。就連我都偶爾會玩呢！」

片瀨說著說著，便拿出iPhone讓須藤看龍族拼圖的畫面。

「總之，接下來會進到下載或購買遊戲軟體等『使用』階段。接著就是『升級』，最後『樂在其中』不可自拔。目前這就是企業的目標對吧？」

「是的。我可以想像整個流程。」

「那麼，我們接下來從Business model・coverage來驗證一下。

你知道嗎？無論是任天堂還是SONY，遊戲製造商沒有一個是打算靠遊戲機獲利。也就是說，他們的商業模式與刮鬍刀頭一樣。」

「知道，我有聽說過。其實，光看遊戲機本身的價錢就可以知道了。這麼高性能的硬體，用這種價格賣出去一定會虧損。」

「沒錯，但相對地軟體價格非常高，而且他們的收費架構是就連第三方推出的軟體，任天堂和SONY也一樣能獲利。這是任天堂從FC遊戲機（譯註：任天堂公司於1983年販售的卡匣式家用遊戲機，翌年更創立了權利金制度，使任天堂獲得龐大利潤。）時代就開始的收費模式，評價非常好。」

「原來如此。但是，現在……」

「沒錯。任天堂與SONY兩大巨頭的體制，正受到行動遊戲大舉揮軍來襲。GREE與DeNA這兩間公司，他們從行動電話還是貝殼機的時候，就開始免費提供簡單的遊戲。他們的收費模式是使用者開始玩之後，當遊戲升級或進到下一關才向用戶收費。這就是所謂的『免費增值』。」

「這我有聽說過。」

「而且，出現最大轉機的就是GungHo線上遊戲娛樂公司推出的《龍族拼圖》。這款遊戲的品質已經達到可以當作軟體單獨販售的程度，但卻免費提供給玩家。因為他的收費方式也像之前一樣，隨著遊戲晉級才向使用者收費。龍族拼圖的高品質，從任天堂3DS也販售他的遊戲軟體就可以知道。」

「是，這我很了解。上次在部門的學習會，我也學到這種收費方式。」

「目前為止，無論是遊戲廠商或是社群遊戲公司，他們的加值提案幾乎沒什麼不同。同樣都是

		解決任務階段		
用電玩豐富生活	購買	使用	升級	樂在其中
	○	●	○	○
	○	○	●	○
	●	○	○	○
	○	○	○	○

提供遊戲，當作空閒時間的娛樂，讓顧客樂在其中。其實，他們唯一差別，就是收費方法。一種是靠遊戲軟體本身獲利，另一種是隨著遊戲發展獲利。目前，隨著遊戲發展能收取的金額已經超越單獨販售一款遊戲，所以後者的收費方式似乎大為成功。」

「這我是第一次聽說呢！」

「其他還有Apple的商業模式，你不妨參考看看。」

Apple也推薦顧客使用iPad或iPhone、iPod touch等產品來玩遊戲。然而，手法卻不同於電玩公司，不靠販售遊戲的APPStore獲利，而是靠手機本身獲利。也就是說，刻意讓遊戲價格低廉，甚至不指望銷售平台賺錢，而是靠手機本身獲得

圖表 36 電玩的Business model・coverage

	購買階段			
	娛樂	關鍵字為「電玩」	零碎的時間	
電玩公司				
社群遊戲				
iPad、iPhone、iPod				
艦隊Collection				

高額利潤。這樣看下來就能了解，即便價值提案相同卻都有各自不同的收費重點，也就是獲得高利潤的重點不同。這就是讓他們的商業模式能各有千秋的一大原因。」

「原來如此！只要照這個方式思考，所有事情都說得通了！」

「話雖如此。須藤先生，這時候仍然出現令人費解的商業模式喔！」

「是什麼呢？」

《艦隊Collection》

「這就是我最後要舉的例子《艦隊Collection》。」

「啊！我有聽說過。最近公司的同事很

迷。這是一款用ＩＥ或Chrome瀏覽器玩的線上遊戲對吧！裡面的角色都是美少女，就是一些萌萌的少女來擔任戰艦的艦長，負責指揮作戰。」

「須藤先生知道的還真詳細啊！」

「我不是很清楚，但有很多跟我同年紀的中年男性很著迷。好像是對裡面的角色完全投入感情一樣。而且這款遊戲有別於『免費增值』模式，不付錢也可以繼續玩下去。除非你想讓遊戲進展得更快，不然你還是可以慢慢地玩下去，這一點廣受好評呢！」

「沒錯。那我把這個方法套入Business model．coverage裡面看看。你會發現價值提案跟其他一樣，但是不同的地方在哪裡呢？」（請參照圖表36）

「啊！沒有收費的區塊……」

「是的。假設透過電玩讓顧客樂在其中就是目標，那麼提供這些價值之後整個活動鏈就結束了。遊戲的目標在於抓住大家的心，也就是說基本上已經不是以『電玩』本身在收費了。當然，收費區塊還是存在，但使用者可以不花一毛錢玩到最後，等於打破『免費增值模式』。他們究竟是怎麼做到的呢？」

片瀨在瀏覽器上輸入《艦隊 Collection》這幾個字。隨後檢索到的內容，反而是動畫、書籍等產品比遊戲還多。

「這款遊戲由出版社起家的角川遊戲公司製作、ＤＭＭ公司發行。簡而言之，這款遊戲本來就是為了培養出支持者而製作的大型預告片。所以，這項戰略不從遊戲當中收費，而是靠遊戲以外的獲利來平衡收支。現在這款遊戲已經有１００萬名以上的使用者，但新聞報導的消息指出，角川遊戲公司幾乎沒有靠遊戲本身獲得利益。」

「咦？」

「所以說《艦隊 Collection》的目標是把使用者變成艦隊迷，將活動鏈拉長到後續的階段。具體的方式就是推出角川集團最拿手的連載漫畫、單冊漫畫、小說等出版品。而且，角川似乎一開始就已經計畫要做成動畫，所以也在多媒體上一直都有曝光，也就是角川本來就打算靠這些產品獲利。（※關於這一點，新聞報導有許多不同說法。這裡參考角川董事長自己提出的跨媒體現狀。）

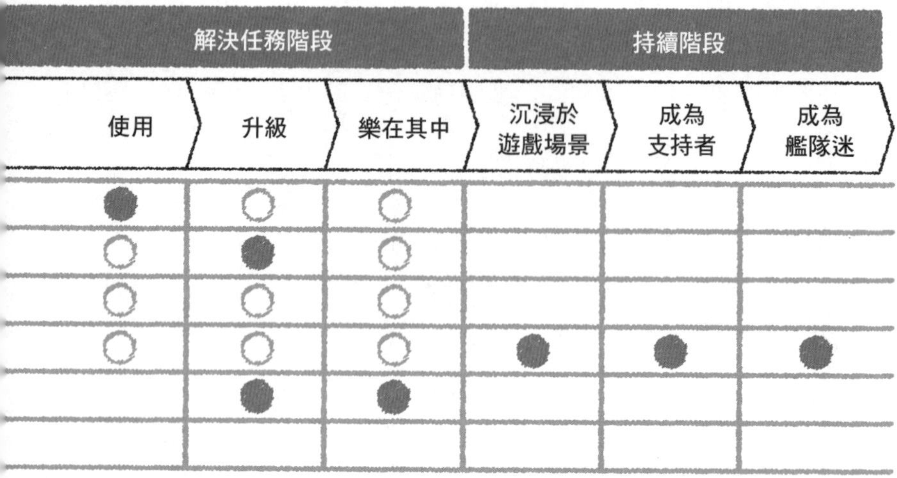

解決任務階段			持續階段		
使用	升級	樂在其中	沉浸於遊戲場景	成為支持者	成為艦隊迷
●	○	○			
○	●	○			
○	○	○			
○	○	○	●	●	●
	●	●			

解決方案與收費目的。

像這樣用遊戲培養支持者，靠遊戲以外的出版物或其他媒體等方式創造收費區塊。關於這一點，業界相關人士有各種見解，但本案例很明顯地展示，乍看之下是主要產品的電玩，也能靠增加收費區塊來產生整體獲利。無論如何，遊戲以外的收入確實越來越高。」

「太令人震驚了。如此一來，使用者仍然能純粹享受遊戲帶來的快樂！」

「沒錯。在這個案例當中，遊戲只是之後出版的小說與動畫的銷售工具。也就是把主要商品『降格』為銷售工具的意思。然而，銷售工具的內容對培養支持者來說很重要，所以品質不能遜於單純的電玩公司所發行的產品。」

「這的確是在討論『免費』的時候，沒

圖表 37 艦隊Collection 的 Business model・coverage

	購買階段				
	娛樂	關鍵字為「電玩」	零碎的時間	用電玩豐富生活	購買
電玩公司					○
社群遊戲					○
iPhone、iPad、iPod					●
艦隊Collection					○
攻略※					
雜誌			●	●	

※順帶一提，攻略是在解決任務階段實現解決方案與收費目的，而遊戲雜誌則是在誘導使用者購買時實現

有出現過的案例對吧？」

「如果把電玩視為解決方案與收費方式，當然無法成為一個完整的商業模式。這必須把範圍擴大到持續階段，才能看出端倪。因此，比起收費方法，更重要的是設定商業模式的『事業單位』。」

「『事業單位』啊！這的確是一個發想的轉變。把目前的主要商品，而且是已經非常完整的商品降為輔助用的工具。接著再擴大到別的區塊，針對其他早就準備好的服務來收費。這種複雜的方式，在製造業幾乎可以說是作夢都想不到，而且也無法執行的案例啊！」

「是的。但是服務業已經發生的現象，在不久的將來發生在製造業也不足為奇。畢竟，製造業當中服務的成分也越來越大。」

「但是，我可以問一個問題嗎？這個案例，結果不是和《神奇寶貝》一樣嗎？」

「須藤先生，你問了一個好問題。其實兩者截然不同。」

一開始就設想好的計畫與趁勢追擊之間的差異

「對《神奇寶貝》你了解到什麼程度呢？」

「這個嘛……大概在我國高中的時候非常流行，所以我做很多丟臉的事。早上邊看節目邊唱主角的歌等等。總之，《神奇寶貝》從遊戲發跡，還出了動畫、電影整個循環當中的商品都持續暢銷。」

「沒錯。就結果來看，整個系列產品當中，《艦隊 Collection》和其他遊戲並無不同。然而，你若說他們是不是都用剛才的方法，我可以告訴你兩者截然不同。」

「為什麼呢？我看不出來哪裡不同啊！」

「其實就差在是不是一開始就設定好目標。」

「一開始？」

「從剛才的方法論來看，《艦隊 Collection》一開始就把收費區塊往後移。因此，才會免費提供高品質的遊戲。而且，就算不在遊戲內付費，使用者一樣能夠玩到最後。你可能會覺得我很煩，不過我必須強調，這是因為一開始就已經安排好後段的收費區塊才能實現。」

須藤拼命抄筆記。

「另一方面，《神奇寶貝》又是如何呢？它應該一開始就已經在遊戲的狀態下獲利就結束了。然而，製作團隊卻發現這是暢銷的產品，趁勢追擊加上動畫，之後又再度回歸遊戲本身，產生了當初未曾預料的循環。因此，在每個收費區塊《神奇寶貝》都能獲利。」

「啊！」須藤開始融會貫通所有學到的東西。

「原來是這樣啊！如果一開始就把收費區塊放在後端，最初的產品就算利潤微薄、甚至虧損都可以販售，只要之後能回收就好。」

「沒錯，你終於發現了。不過如果像是《神奇寶貝》這樣，暢銷之後再想下一步，現在的產品就必須穩紮穩打地獲利才行。如此一來每個產品都必須計算成本，對規模小的企業來說，無論在價格或訴求上都無法取勝。」

「原來如此。像我們公司這種小規模企業，在價格上競爭，說白一點就是在這種利潤極微薄的狀態下競爭，需要精準的長期規劃。」

「沒錯。畢竟，大規模企業就算低價也能獲利，或者至少確保不會虧損。若小規模的新興企業跟進模仿，雖然可以對顧客提出產品訴求，但利潤就被侵蝕掉了。最後，公司還是會倒閉。」

「什麼！我一直覺得成本如果不降到極限，銷售價格根本不可能降低。不過，這種思維表示我們已經落入大企業的競爭規則當中。這樣下去 Leorias 根本就不可能贏。」

「你要記住，重點在於『**解決方案**』與『**收費區塊**』，再來就是關照這兩點的『**事業單位**』，只要有這些元素就能確立商業模式。不單看產品本身而是先想好接下來的收費區塊，就很有可能『先損後得』。」

須藤雖然了解，但還有一點十分令人在意。

「話雖如此，我們畢竟是製造業。因為有非固定成本（原物料費用），一開始就必須支出現金。無論如何，我們都很難接受一開始必須『先損失』的概念。」

「我就知道你會這麼說，我也能理解你的狀況。這種方式就讓財務狀況健全的公司去做就好了。我很清楚現在的 Leorias 沒辦法用這種無厘頭的方法。」

「太好了。那我就放心了。」

不再「追求售罄」的商業模式

「須藤先生，貴公司的社長本來交給你什麼任務呢？」

「社長要我『思考新的事業架構，改變獲利結構』。」

「那麼，須藤先生做了哪些事呢？」

「我致力於開發 momentum。」

「我認為這是能順利推行的價值提案，但我當時告訴你什麼？」

「這只是產品群其中之一，不過是偶然開發出利潤較高的產品而已。」

「沒錯。就算現在利潤高，但之後競爭對手可以模仿，更何況大企業還會仗著自己的大規模上來搶食 Leorias 的市場。過不了多久，這項產品的利潤下降，Leorias 不久之後又會回到相同的獲利水平。」

「Leorias 的歷史已經證明，先驅的優勢無法長期維持。Leorias 提出再怎麼優秀的價值提案，都不敵在後頭緊追而來的大企業採用運動選手或明星，投入大量宣傳廣告，甚至還提供市場比 Leorias 更低價的產品。加上 Leorias 品牌名氣也不如大企業，最後只會一敗塗地。目前，就是這種狀態……

須藤先生應該是最了解公司狀況的人。但卻不知不覺地陷入大企業的競爭規則當中，這是為什麼呢？」

「這應該說是業界不成文的慣例吧！我們為了擺脫這個泥淖，各自研讀不同的商業書刊，但書裡都強調『以成本取勝』或者『以差異化取勝』，所以我們才會不知不覺地就跟著隨波逐流了。」

「不過，須藤先生現在已經了解這是大企業的手法了吧！正因如此，我們才要談商業模式啊！」

「商業模式……對了！把之前的案例分析以及今天教授所說的 Business model・coverage 整理之

後，發現個個片段竟然像拼圖一樣慢慢湊出圖形了。」
「太好了。那麼你現在當務之急應該做什麼呢？」
「我可以用現在的價值提案販賣momentum這項產品，但必須一開始就準備好產品以外的解決方案，並且思考顧客『購買』之後有無收費區塊。」
「正是如此。但是，要切記一定要嘗試延伸產品的『持續階段』，這樣才能看出產品與顧客之間新的關聯性。或者，有可能會出現可以支付產品費用的第三方。無論如何，不能讓產品『售罄』。『擺脫追求售罄』的商業模式，能夠幫助新興企業邁向下一個階段。當然，這需要相應的解決方案與實現的體制，請好好加油。」
就這樣90分鐘過去了。校園裡響起鐘聲。
「哎呀！糟了。我得趕去上專題討論。」
「教授，佔用您這麼長的時間很抱歉。真的不知道要怎麼謝您才好。」
「沒關係啦！才90分鐘，就讓須藤先生的視野大為轉變對吧！」
「是的。我看到全然不同的商業模式了。」
「那我也覺得很開心了。我先去上課了。過一段時間之後，你再告訴我進展吧！」
須藤數度道謝後，離開片瀨的辦公室。須藤直接搭上阪急列車，前往exhibition・sport神戶店拜訪安生店長。

學習重點 12

尋找解決方法時，著眼整體較容易奏效

本章提出好萊塢電影與《艦隊 Collection》為案例。

這些案例的共通點，就是把本來應該是主角的產品「降格」為進入寬廣世界的「入口」。我把它稱為**「降格（demotion）效果」**，如同字面表示，這是透過「降格」來達到「先損後得」的效果。

電影的案例當中，並不以電影本身為獲利終點，而是包含之後的商品群，整體都是一個事業單位。如此一來，就能比較容易贏過眼前光靠電影本身競爭的對手。不過，為何那部電影能夠投入這麼多預算呢？以新興企業的立場來說，一般是無法投入這麼多預算的，所以往往都會落入先製作一些小規模的產品，再慢慢回收利潤的循環。

然而，如果你是了解商業模式的人，請著眼整體，從一開始就把相關的人一起拉進來，創造出一個市場的震撼彈吧！

電玩的案例當中，也可以看到收費區塊一直往後延，現在已經幾乎沒有企業靠電玩本身賺錢了。

而且，這個不可思議的架構還是讓企業整體獲利。企業在哪個部分獲利，相信大家已經都很清楚了。然而，大家至今仍然想靠販售產品獲利。如果是擁有強勢品牌的公司或許還行得通，但對

新興企業而言，現在無論是哪個業界都處於群雄割據的狀態。相信讀者已經都明白，後發部隊要如何才能扳倒強而有力的對手。

依照原來的方式，只會在成本競爭上一敗塗地。當然，如果能一直維持這種價格也無妨，但是在網路普及的世界裡，企業無法永遠避開競爭對手的反撲。因此，企業趁早創立自己獨特的世界觀才容易取勝。這一連串的世界觀，在企管學的專業術語當中就叫做「事業單位」。

我則更明確地將之稱為**「獲利終結單位」**。

這不僅是解決方案的結晶，也是獲利的結晶。尤其是從終結獲利的區塊開始，建構一連串的解決方案，或許就能改變競爭的遊戲規則。

對新興企業而言，最重要的就是不要被捲入大企業的競爭戰略中。像這樣的商業模式思考，才是新興企業應具備的邏輯。

大企業深知其危險性，所以為了防止自己的霸權受侵略，最近十分注重「商業模式」這個議題。

第7章

商業模式・創造價值

提供顧客
解決問題的方法、
確保商品價值！

顧客的目標

須藤前往 exhibition · sport 神戶店。

一到店裡馬上就問櫃台人員：「安生店長在嗎？我是 Leorias 的須藤。」

沒多久安生店長就出現，兩人互相打了個招呼。

「不好意思。能不能再讓我觀察一下賣場？我有新的想法了。」

「當然可以啊！不過，你說的新想法是？新產品嗎？」

「不，不是產品，是商業模式。」

「雖然我不是很懂，不過你儘管看吧！鞋製品的負責人正好在這裡，我去叫……」

「不用了。今天我想從中島開始，接著看競賽用品區，總之我整個都會逛一圈，不用招呼我沒關係。」

中島是業界用語，意指賣場中心的展示區。

這家店的運動用品是以圓形向外放射狀的配置，運動風的輕薄服飾用品放在正中間。因為該店經手的服飾非常廣泛，所以不少顧客把這家店當作 UNIQLO 在逛。結帳櫃檯前也擺放一些蛋白質補充劑等健康食品。

這種複合式的運動用品店，非常符合 momentum 這項產品所預想的目標客群。就算顧客對運動沒有興趣，還是會因為其他目的來逛逛。

一般的運動用品店，通常都針對非常狂熱的運動愛好者為對象，但來光顧 exhibition・sport 這家店的顧客，就算不熱衷運動，也會來買一些運動風的服飾，也有不少想試著開始運動的人。這一點從「針對初學者」的商品佔去大半銷售額就可以得到佐證。在這個層面上，可以了解這家店擅長宣傳「從現在開始運動」的概念。

momentum 的概念是「賦予對運動沒興趣的人一個開始運動的『契機』」。剛好與 exhibition・sport 的顧客群不謀而合。

須藤不去巡視鞋製品的展示區，反而主要觀察中島的商品。

媽媽帶著小孩來購物，把孩子放在購物車裡邊推邊買東西。媽媽正在看小孩的 T 恤。接著開始看自己的 T 恤和運動服等等。這位媽媽年約35歲，看起來體型豐滿不像平時有在運動的人，應該是把運動服當作居家服穿吧！總之，她喜歡比較輕鬆的服裝。

須藤跟著這位媽媽一小段時間。她把手伸向花車上的過季鞋款。花車上擺放許多舊款的鞋子，都是低價從廠商那裡批來的貨。花車離中島有點遠，特地走到這一區的女性，都會先看自己尺寸的鞋子。知名品牌卻只要 2990 日圓!?真的是破盤價。她拿起幾雙鞋端詳，但都沒有放進購物車裡。

其他顧客的動線也都差不多，從服飾區移動到鞋製品區，就算鞋子再怎麼便宜都沒有購買。

「這樣啊！所以問題不在價格，而是沒有用處啊！所以就算這價錢再便宜也沒人買，因為顧客不瞭解它的價值在哪裡。」

須藤確認這一點之後，用 iPhone 錄下聲音記錄。也就是說，顧客沒買是因為並不想運動。

如此看來，momentum 可能越來越有勝算了。

首先，必須要從 momentum 能提供什麼價值來思考。

須藤把在賣場注意到的細節用聲音記錄下來。

「不了解功能哪裡不同。」

「賣場中的品牌海報都強調『功能』與『材質』。」

「不清楚商品對顧客有什麼好處。」

40歲前後的女性，不想要店員介紹商品而是喜歡自己慢慢逛，她們幾乎都是為了購買家人或自己的服飾來這家店。

而且，通常會看一看花車裡特價的鞋子，但誰都沒下手買。

另外，須藤也觀察了鞋製品展示區的同齡女性。

鞋製品與顧客接觸的機會很多，零售業通常在接待顧客上就有很大的差異。exhibition・sport的鞋製品區負責人岡山，十分擅長接待顧客，他總是能夠幫顧客選出門市當中最合適的產品。

因此，只要岡山接待的顧客，通常都會購買產品。

有一位女性走進鞋製品賣場。似乎是要買健走鞋的樣子。

「我可以準備您的尺寸，如果有需要請告訴我。」岡山說。

這位女顧客回應岡山柔軟的招呼聲：

「我想找一雙好走的鞋子。」

「感謝您光臨。您看這一雙如何呢？您的尺寸是……」

岡山拿出日本品牌的健走鞋，推薦給這位女性。她一邊觀察顧客的腳型，一邊挑選最適合的鞋款。

「這兩雙有什麼不同呢？這上面有寫鞋面、皮革、鞋底不同，但是我搞不清楚有什麼不一樣耶……」

這位女性漸漸對岡山敞開心房。

「非常感謝您。雖然上面只有標註材質，不過這一雙使用新款的鞋底，可以讓女生比較不容易產生拇指外翻的情形……」岡山接待顧客的能力真的沒話說。

廠商宣傳產品，很容易著重在「材質」與「功能」。但這些都沒有確實傳遞給顧客。岡山不依賴廠商的海報，反而自己製作海報，寫上顧客想知道的重點、比較表等等。透過這種方法讓賣場可以從顧客「任務」出發。

儘管如此，顧客通常都不看海報，所以岡山在賣場時，都會積極地向顧客詢問需求。她腦中已經有許多關於銷售現場的知識，可以說是一部活字典。雖然她經手的商品種類繁多，但相關的資訊都經過明確地整理。

「真的是傳說中的金牌銷售員。」須藤不禁喃喃自語。

就在這段時間內，剛才的女顧客以8千日圓買下不怎麼有名的品牌鞋。她沒有買特價2990日圓的鞋子，反而因為岡山的接待買了價格高出一倍的商品。

接待顧客告一段落後，岡山發現須藤馬上就展露清爽的笑容向須藤問好。

「須藤先生！好久不見！」

「岡山小姐真是太厲害了。我剛剛都看到了。妳到底是怎麼辦到的……岡山小姐，對方如果提出問題，妳一定會先道謝，這是為什麼呢？」

「因為對方是有興趣，才會來問我啊！光是這樣我就很感恩了，所以才會先道謝。這不是公司規定之類的，而是我自己這五年來就一直這樣在賣場賣鞋子。」

「就算是這樣也很厲害啊！可以輕鬆提議顧客價格稍高的鞋款，而且顧客還買單了。」

「哪裡，這只是普通的流程而已。」

「一點也不普通啊！每個製造商都頭痛不已的事情，岡山小姐卻能輕鬆地完成！」

「畢竟，那個年紀的顧客，其實並不怎麼在意『功能』、『品牌』或者『材質』。通常都只會想這個產品對自己的生活會帶來什麼改變而已。」

「但是，我們製造端總是會去想功能、材質這些啊！」

「參加比賽的人也都會這樣啊！這種時候功能或規格、品牌就有很大影響了。畢竟，如果參加重要的比賽，站在足球場上時穿著不甚了解的鞋，難免會感到不安。」

岡山說完就呵呵地笑出聲。

「原來如此！岡山小姐，太感謝了。我還有一個問題。為什麼剛剛的客人，馬上就決定購買呢？」

「啊！那雙鞋啊！我自己也在穿喔！所以我把自己穿過的心得告訴她。我和須藤先生一樣都是運動鞋迷啊！廠商如果能便宜賣我，就用薪水多買幾雙來試看看。如此一來就能知道今天客人買了這雙鞋能不能解決她的煩惱。只要把這些告訴顧客就行了。對我這種喜歡鞋子的人來說，這份工作簡直是我的天職啊！」

這一瞬間，須藤受到莫大衝擊。他又發現一件事了。

「顧客會猶豫不決……」

沒錯！

須藤單手拿著 iPhone 記錄新發現的事。

「運動品牌都把重點放在運動比賽的層面。然而，momentum 提案對象是40歲前後的女性顧客，一定要用截然不同的方式行銷。熱銷的關鍵就是夠不夠簡單易懂！」

須藤接著說。

「顧客之所以會猶豫不決，就是因為不知道這個商品值不值得買。如果，顧客都能了解穿上這個產品就會如同我們的價值提案一樣達到效果，那顧客應該就會購買了。顧客之所以不買，是因為他們無法判斷會不會有效果。」

已經學會商業模式思考法的須藤，開始整理目前獲得的資訊。

店面視察結束回到家裡，小惠已經到了。

「阿仁，你回來啦！」

「我回來了。今天怎麼會來啊？」

「什麼怎麼會來，我知道阿仁你最近很忙，所以才想說要你好好注意身體健康。還有就是最近幾乎沒什麼時間見面，想你所以才來啊！」

這麼說來，的確最近都沒跟小惠約會了。

「小惠，謝謝妳。真抱歉，我完全沒有男朋友該有的樣子。」

「不過，你不忙的時候也是這樣啊！」小惠開玩笑地說。

「才沒有。現在是非常時期，我得隨時戒備啊！」

小惠開始準備晚餐。須藤心想，這個案子告一段落之後，還是先和小惠過一段兩人時光吧！

新產品 momentum

須藤和其他五名成員聚集在「商業模式研究室」。

差不多該是決定 momentum 這個計劃的概念、產品以及相關事項的時候了。

而且，不可忽略的是沒有宣傳廣告費這件事。

成員都各自針對不同角度思考要如何獲利、公司可以提供哪些服務等問題。

目前已經有樣品，清井與岩佐的團隊正在進行微調。

剩下的就是須藤必須領導整個團隊，思考如何彙整出可行的商業模式。

「大家都辛苦了。這一週雖然得知沒有宣傳預算，但我也因禍得福學習不少。因為公司的情況危急，才正是改變商業模式的最佳時機。首先，片瀨教授給我很多建議。在片瀨教授身上我學到很多，讓我的思考方式產生180度的轉變。接下來，我以學習到的概念為基礎，跟大家報告我整理出來的想法。

顧客的任務

須藤開始簡報。

「之前我們把momentum定位在針對『不積極運動的人』，提供『穿上就會瘦的鞋』之價值提案。這項價值提案，目前並沒有任何運動品牌提過。運動品牌畢竟有自己堅持的地方，所以才沒有推出這種概念相反的產品。

當然，momentum在這個層面上，也可能招致Leorias品牌崩毀，但我已經確認過不會有這種事情發生。這項產品是一個『契機（momentum）』，也是一條通往既有產品的道路。」

「我們也都這麼想。」清井說。

對於清井說的話，須藤微笑回應並且繼續說道：

「目前市面上並沒有針對『不想運動的族群』推出商品，所以顧客從來沒有想過要去購買高級產品。這一點其他競爭對手也一樣。然而，momentum卻可以連結剛開始運動的人。因此，我才會說我已經確認過這是一項劃時代的產品。

我到exhibition・sport的賣場去，傾聽家庭主婦的心聲，思考我們的目標顧客，也就是想購買『能輕鬆瘦身』產品的顧客，會用什麼樣的思考迴路購買產品。我得到的結果就是這樣。」

須藤把片瀨教他的活動鏈展示給大家看。（請參照圖表38）

「這叫做『顧客活動鏈』。其實片瀨教授的著作裡面也有寫，大家應該都知道了。片瀨教授這次針對這個概念特別替我上了一堂課。所以活動鏈這個工具，我得到比書本中更多的醒悟。而這張圖就是我針對可能成為momentum的顧客，整理出他們一連串的動作。」

「這個活動鏈是怎麼寫出來的？教授的書裡只有大概介紹，你教教我們吧！」

行銷部的石神，似乎對這項工具非常有興趣。

「還有，我很在意的是，momentum都還沒開賣，為什麼能夠寫出活動鏈呢？」

「石神先生，你發現一個好問題。我們是製造業的人，所以凡事都以製作產品為中心思考。因為是新產品，所以還不會有顧客。然而，其實並非如此。就算還沒有實際商品，必須解決的任務

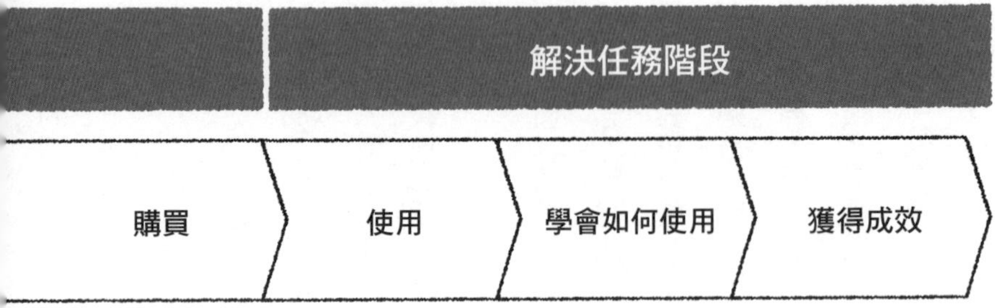

仍然存在，只是顧客僱用其他商品在解決任務而已。」

造訪片瀨的研究室後，須藤自己也因為嘗試寫出活動鏈而遇到瓶頸，所以問過片瀨相同的問題。正好，須藤已經找到可以回答石神的理論了。

「我們雖然是運動品牌，但『維持現狀就能輕鬆瘦身』這項任務，顧客總是靠其他方案在解決任務。譬如電視購物商品當中就很多，像是雕塑下半身的『LEG MAGIC X』或者電動腹肌鍛鍊機等室內的健身器材。早期的跑步機也是一樣啊！『Billy的瘋狂新兵訓練營』、『拉丁瘦身舞蹈』這些雖然是激烈運動，但也符合顧客不改變現狀的要求。如果不要太激烈的還有『深呼吸減肥法』等產品，可能這

圖表 38 想輕鬆瘦身的人形成之活動鏈

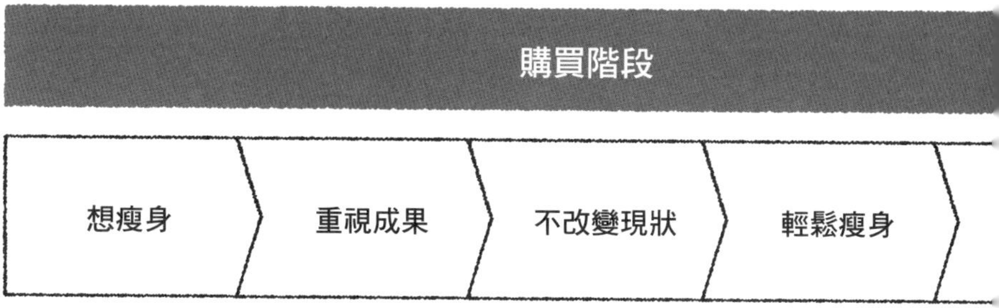

會比較接近我們的計畫吧！」

「原來如此，我們只看了同業的動向，所以才不知道啊……」石神有感而發。

「另外，最近廣告裡常出現明星代言的健康食品不也是這樣嗎？非常完美地達到不需改變現狀就能瘦身的訴求。」

「我同意。」

「更有趣的是，如果連想瘦身的念頭都沒有，還有『可修飾身材的內衣』或者顯瘦的洋裝等都非常暢銷，像塑身褲就是其中之一。」

「啊！我太太也有穿耶！」

清井一說，大家都笑開了。

「無論如何，購物頻道一直都在販售這種產品。專賣頻道當中，甚至24小時都在播這些內容。如果想像一下這些購物頻道

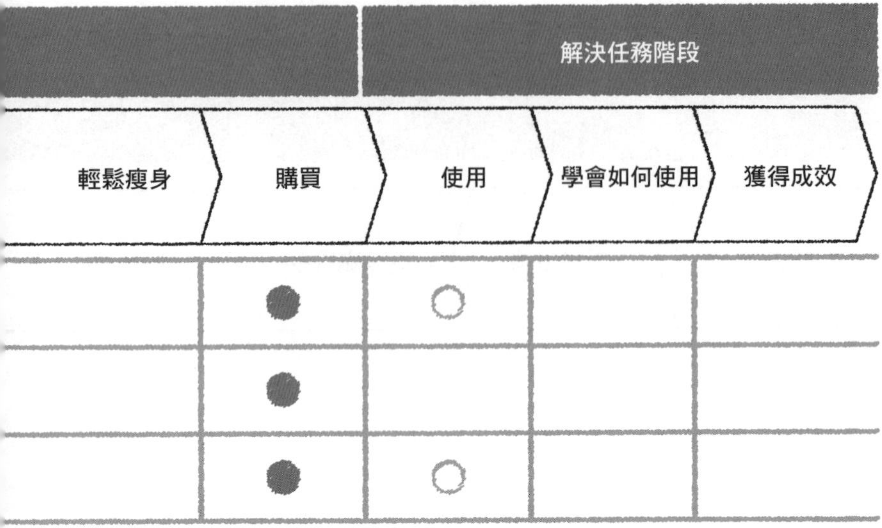

用戶的形象，就可以知道她們一定會成為momentum的顧客。」

「原來如此，原來是要這樣做才對啊！太棒了。新產品一定會大賣！」

石神說完，清井邊搔頭邊回答：「事情哪有這麼簡單啊！」

「那我們先在這裡加上解決方案，也就是momentum的替代價值提案。然後再將能夠符合顧客活動鏈的部分用○標示，有獲利的部分就塗黑。如此一來就能看出他們的商業模式。」

「寫下來之後就會變成這樣。」須藤翻到簡報的下一頁。

須藤給大家看Business model・coverage的表格。（請參照圖表39）

圖表 39 想輕鬆瘦身的人與Business model・coverage

	購買階段		
	想瘦身	重視成果	不改變現狀
瘦身器材			
健康食品			
瘦身運動DVD			

Business model・coverage

「瘦身器材等各產品的解決方案以及收費區塊都非常明確。所有解決方案都在顧客購買的時候，也就是公司販售產品時獲利，這也表示解決方案中並不存在其他的收費區塊。

譬如電視購物所販售的瘦身器材，總是拼命鼓吹顧客購買。雖然完全不知道效果如何，但試用之後如果不喜歡，在一定期限內可以退貨，所以這種方式是強調『使用』後的價值；健康食品則是購買時就結束了；瘦身運動ＤＶＤ會親切地教導顧客運動的方法，雖然後續仍有價值提案，但收費區塊在購買當下就結束了。這張表可以一目瞭然地展現產品各自的解決方案

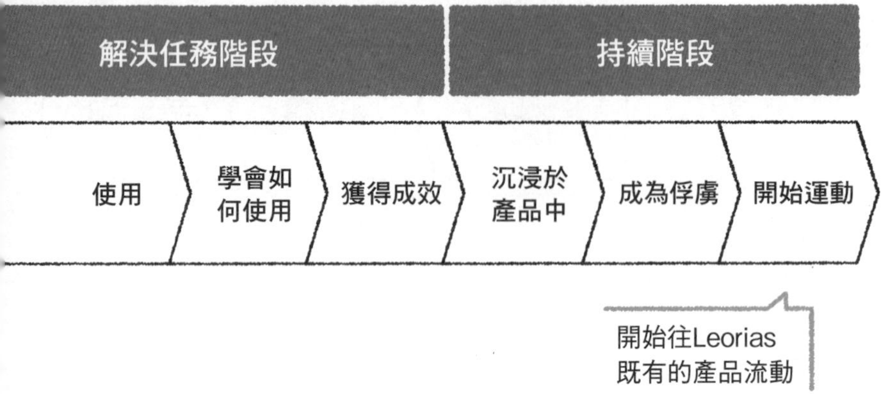

與收費區塊。」

「喔！這樣簡單易懂呢！」開發部的年輕員工岩佐說。

「那麼我們公司的momentum狀況如何呢？」

「岩佐，你等一下嘛！現在精彩的才正要開始。」

須藤微笑著對岩佐說。

「到目前為止都是以廠商的角度創造出的解決方案。然而，顧客的任務是否真的解決了？有沒有持續使用之後想要升級的欲望？這些部分製造商都不太會去思考。」

「那該怎麼做呢？」清井想不透。

「我們先來看看原本的顧客活動鏈吧！原來的顧客活動鏈應該是這樣。」

須藤說著便翻到下一張投影片。（請參照圖表40）

圖表 40 包含後續使用階段

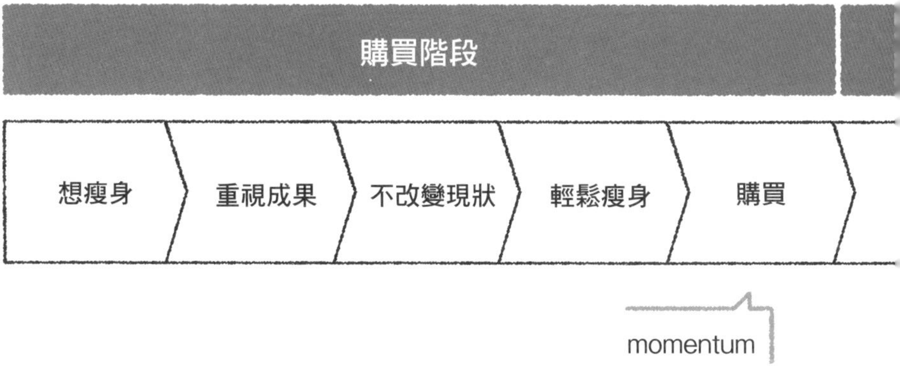

「其實解決任務之後還有下文，那就是**持續階段**。從這個時候開始，顧客了解到瘦身的喜悅，沉浸在變美麗的世界，完全成為產品的俘虜並且開始運動。整個活動鏈應該是這種樣貌。」

「原來如此。這不就是之前學習會上，須藤先生報告的『讓顧客購買 Leorias 既有的產品』？」前田說。

「沒錯。只要使用活動鏈，就能夠清楚說明如何達成目標。而且，我們的目標並非解決顧客任務。片瀨教授是這樣告訴我的。」

「須藤先生，你進步好多！」前田非常驚訝。

「各位覺得如何？顧客在我們不知道的範圍活動頻繁，但無論是廠商還是零售店都只注重『購買』這個階段，當然無法滿足顧客後續需要的解決方案，無法提供解決方案就等同失去

解決任務階段			持續階段		
使用	學會如何使用	獲得成效	沉浸於產品中	成為俘虜	開始運動
○					
○					
●	●	○	○	○	○
○	○	○	○	○	○

收費區塊。尤其是在『輕鬆瘦身』這個類別裡，廠商通常都沒有接觸到『展現成效』這一塊。或許有些是因為藥事法的關係，不能強調部分效果，但對顧客而言便無法想像後續的發展。也就是說，活動鏈會被中途截斷。我認為這對我們來說，反而是一個大好機會。」

「原來如此。畢竟，製造業的想法都是買完之後就沒我的事。我自己也是，總是想著盡量在成本上多加利潤，想著如何買低賣高。」的確很像是SCM部門的竹越會說出口的話。

「不愧是竹越先生。因為我們是製造業，所以我才會從服務業上找靈感。我試著在這張表的解決方案裡加上健身房，就會變成這樣。」

圖表 41

	購買階段				
	想瘦身	重視成果	不改變現狀	輕鬆瘦身	購買
瘦身器材					●
健康食品					●
瘦身運動DVD					●
健身房					●
momentum					○

須藤翻到下一頁投影片。讓大家看擴張版的 Business model・coverage。（請參照圖表41）

「從服務業的角度來看，健身房每個階段都有與顧客接觸的機會，所以顧客購買、簽約後也能持續提供解決方案。而且，顧客若續約又可以再度收費，也就是說服務業不僅參與顧客學會使用產品的過程，還能持續收費。所以在這個業界才會有專人客服的制度。」

「原來是這樣啊！如此看來，就能理解顧客會回鍋也不是沒有道理的，因為他們一邊提出讓顧客回流的價值提案，一邊還能持續收費。」石神說。

「不只健身房如此，最近的牙醫說不定也是一樣。本來只是去清牙結石，但醫生就會告訴你還有哪些地方需要改善，雖然沒有強迫性但因為自己會想要改善，就會定期去看牙醫。牙醫診所的氛圍也跟美體沙龍很像，護士也都親切又優雅。原來就是這種手法啊！」

前田又舉出更多例子來做比較，藉此更加了解須藤所報告的內容。

「用這種形式，健身房比較容易跟著顧客到後面的持續階段。momentum 也必須提供價值提案，陪著顧客直到『開啟運動的開關』才行。我們可以先暫且不去想在哪個區塊收費，但解決方案也就是圖表裡的〇必須一直延續到最後。若非如此，我們就無法引導顧客到 Leorias 既有的商品。就算顧客接受我們的價值提案，沒有解決顧客的任務也等於失敗。所以，我們不能追求規格，而是要追求價值。」

「你想表達的意思我已經了解了。阿清哥，產品現在到什麼程度了？」石神問清井。

「鞋底已經完全做好了，目前也進入了驗證階段。因為必須驗證『可以變瘦』所以時間上很難縮短，但我們可以換句話說，以某個值為基準就好，畢竟產品的確有效果。再來就只剩下鞋面了。」

「鞋面的部分沒有問題。我已經設計了能夠融入日常生活、優雅簡樸的款式。上次樣品出來之後我嘗試很多，為了讓鞋面與鞋底有整體感又不顯厚重，做了一些巧妙的設計，大家想看看嗎？就是這個。」

岩佐拿出樣品。

「哇！很棒耶！」最先叫出聲的人是前田。

「這我也想要。我都想拿來當辦公室用的鞋子了！」

「對吧！我本來預設顧客年齡層較高，我對熟齡顧客喜歡的設計比較拿手，但意外地也蠻受年輕人歡迎啊！」

岩佐得意洋洋地回答。產品真的做得很好，的確是值得驕傲。

「的確是很厲害耶！」

須藤也非常感動，幾乎沒辦法馬上接話。

「謝謝大家。各位，雖然我早就已經確定產品非常完美，但因為大家的反應讓我覺得產品超乎我的期待。」

岩佐靦腆地笑著。說實在的，須藤也驚訝於岩佐的實力。須藤心想有這樣的產品，我們的確可以背水一戰。

此時，清井開口說：「再加上這款鞋底，我們可以用等同一般鞋款的成本製作。鞋面因為會使用雷射，所以成本會較高，但零售價大約可以落在一萬日圓。一般的健走鞋大概也是9千多日圓對吧！我們的價格只是稍微貴一點而已。」

聽到清井這番話，須藤就不用說了，連石神與前田的表情都瞬間結凍。

「不，阿清大哥。momentum 要用不同的方法銷售。」須藤說。

從商品開發到銷售計畫

須藤說完，再度回到 Business model・coverage 的表格。

「阿清大哥，請聽我說。我們這次不是要顧客買規格，而是要讓顧客購買價值。所以能夠解決哪些任務，可以與哪些解決方案比較，才是我們訂定價格的依據。我們定價的依據是顧客價值。也就是支付意願與價格之間的差額。」（請參照圖表01）

「啊，那個啊！我當然記得。沒辦法，製造業的思維果然不行啊！」清井不禁苦笑。

「當然東西越便宜越好，但這次的 momentum 並不只是商品開發而已。這是一個要改變獲利結構的計畫。因此，momentum 只是一個『價值提案的工具』。我們之後要提供什麼解決方案、怎麼收費，解決這些問題才能成就商業模式。」須藤說。

清井直率地接受須藤這番話。

「各位，我之前請大家調查關於產品以外的解決方案，有什麼結果嗎？」

須藤問在場所有人。

前田走到白板前，自願幫大家記錄。

前田寫下「飾品」、「機能性服飾」等公司目前為止提供過的產品。接著是「走路方法教室」、「試穿」、「矯正姿勢」等純粹是服務顧客的項目。

其中還有「煩惱研究室」這種摸不著頭腦的東西。因為沒有任何限制，所以就像腦力激盪一樣，大家各自看著筆記彼此分享，再由前田負責記錄下來。

無論哪一個項目都有注意到服務這一塊，腦力激盪大概在提出20個項目之後停滯不前，所以須藤出面打破沉默。

「原來如此，大家提出的都是製造業目前未曾有過的想法。我們就從這裡開始討論好了。『飾品』與『服裝』是哪一位提出的呢？」

「是我。」原來是竹越的提案。

「Leorias一直都有販售一些小配件，但是都僅止於放上品牌商標而已，像是識別證帶或是水瓶等產品，連T恤上面也都只有印上商標就結束了。」

其他五個人點頭如搗蒜。

「我這次提案的飾品有別於以往，針對『不運動的人』設計『襪子』、『鞋墊』、『機能性內衣』等產品。如果『momentum』成功滲透顧客的生活，那麼就會需要相關的周邊商品。momentum當然也可以配合一般的襪子，但我想如果能讓襪子具備特殊機能，就能和運動鞋一起提案給顧客了。」

「說得也是耶！」清井喃喃自語。

「所以我去其他部門問過，我們公司有沒有生產機能性的襪子。結果發現，原來有一款只要穿上就能改善扁平足的襪子。但是，顏色種類不多，款式也很樸素，如果能跟這次的 momentum 一起設計得較為時尚，收費區塊就能增加了。相同的道理，還有『只要穿上就能矯正姿勢，不易發胖的內衣』。穿上運動鞋之後就會開始在意自己的運動表現，所以也可販售提升機能的鞋墊。大家覺得如何？」

「原來如此。這樣一來，就不會只侷限於運動鞋了。你說得沒錯。」

石神說。

「沒錯。momentum 不單純只是一項產品，而是統整品牌的提案。我想我們把『只要穿上就可以……』的價值，放到共通的相關產品上，全面性的推展開來就好了。」

竹越說。

「竹越先生，謝謝你。概念非常好，不過我們一起銷售的話，利潤如何分配呢？本來飾品類或服裝類都是比較高利潤的商品。然而，如果變成運動鞋的附屬品來販售，以運動鞋為基準，利潤會停滯在一定的百分比。如此一來，利潤大概會有多少呢？」

「你說得沒錯，因為數量少所以不可能會有高利潤。然而，如果我們順利銷售，利潤應該可以比目前販售的服飾還高。畢竟，我們已經有很多類似的產品，只是因為強調『功能性』所以失敗。我們只要加以調整，統一以『momentum』為品牌訴求即可。沿用舊產品我們不需要研發費用，

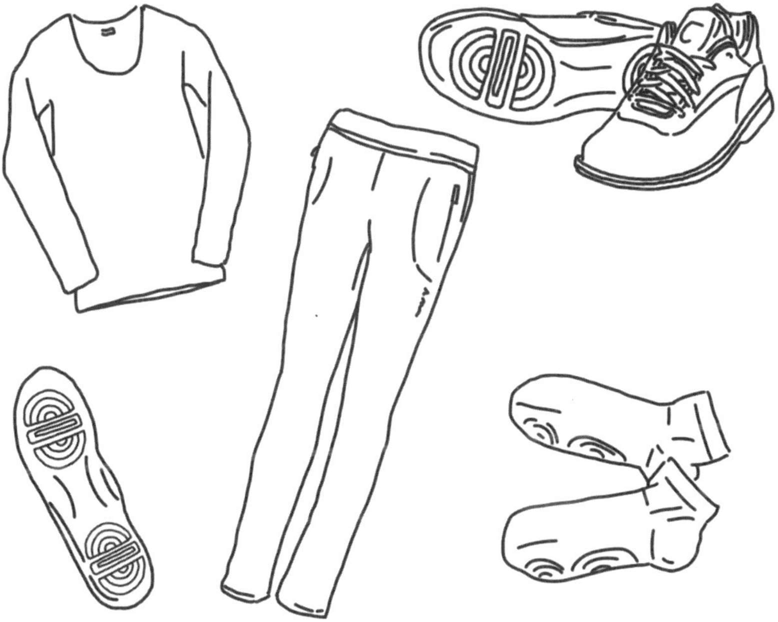

利潤相對就會提高。」

竹越回答。

「太感謝你了。真不愧是竹越先生，竟然採用和阿清大哥一樣的方法來提高利潤。我們就把這個想法放進討論的範圍吧！竹越先生的提案，就是顧客在使用產品時，我們仍然可以繼續發展『只要穿上就能瘦』的解決方法啊！真是太有趣了。」

「是的。不過，鞋子本身是最容易訴諸價值的。這一款鞋子不僅使用了最先進的技術，也是Leorias商品當中jump・around與Leofit的姊妹作，是獨具意義的一項產品。所以，重點會落在我們如何向顧客提出這款鞋的價值訴求。」

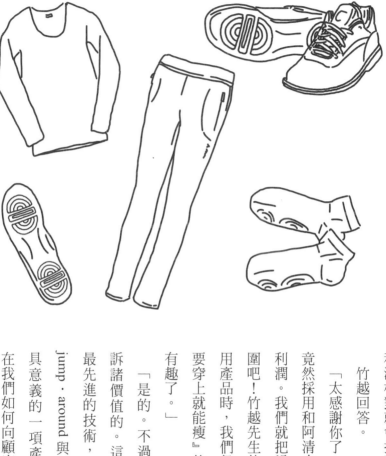

「若運動鞋開始暢銷，其附屬品勢必會跟著熱賣啊！就像刮鬍刀的刀頭道理一樣，總之就是可以增加收費區塊。」

要模仿任天堂還是Apple呢？須藤不停反芻目前學習過的收費方法。

須藤心想：不，整體都可能是收費區塊。

檢視所有服務

接下來開始討論服務的部分。

「走路方法教室」、「試穿」、「矯正姿勢」等關鍵字，大家都有重覆提起。

「這個部分的探討也是跳脫了產品本身，非常精彩的嘗試。這是目前為止都沒有出現過的議題。」

須藤貌似非常感動。然而，他卻在此時拉低嗓音。

「不過，我們這些從事製造業的人要如何實現這些服務呢？如果我們還要去上課學習，那麼就必須動用廣告宣傳費。我們截至目前為止也辦了不少活動，幾乎每次都是超過預算還必須自掏腰包，這次卻連預算都沒有。」

「但是，為了讓大家能夠瞭解到momentum的好處，就一定要宣傳。宣傳者把產品機能翻譯成顧客價值，才能傳遞出我們的產品。如果在運動教室之類的場所宣傳，效果應該很好。」岩佐發言道。

「不過，就算我們開辦走路方法教室，真的能這麼順利收費嗎？最後還是會流於辦活動的形式吧？」須藤說。

「那個，你知道exhibition．sport的銷售方法非常有趣嗎？他們雖然是連鎖店，但非常注重接待顧客，總是能夠準確傳達產品價值。須藤先生，我說的沒錯吧？」前田接著插話。

「啊！沒錯。」

「我的同學也在那一家公司，她主動發起走路方法教室，對客戶提出價值提案，還創立了健走聯合國這個社團。如果我們可以跟這家公司合作，預先販售商品給他們的會員，這家公司一定能夠替我們傳達momentum的價值。須藤先生，你覺得如何？」

「原來如此。前田，我會去拜託安生先生，看能不能全國性地推廣。同時，我也會跟身為商品部長兼執行董事的加藤先生商量看看。我希望能夠把這項商品當作與顧客溝通的工具，也希望顧客買了我們的運動鞋之後，會一起參加矯正走路姿勢的運動教室。如果我們一開始就把經營教室的利潤也算在內，那商品一定會變得更有趣。」

「喔！商品附送服務啊！產品附贈走路方法教室的服務，還真是嶄新的想法，很有行銷的價值呢！」

石神貌似想到什麼好的行銷點子。

煩惱研究室

還有一項沒討論。

「請問，什麼是『煩惱研究室』？」

須藤一問完，前田馬上舉手。

「是我提出的。其實，以運動品牌而言，momentum 是以全新的客群，也就是『不運動的人』為目標。對運動品牌而言，這一群客層是個相反命題，無論哪個運動品牌都未曾把這群客層當作目標。嚴格來說，是運動品牌的商業模式沒有把這群客層當作目標。畢竟，這個目標對運動品牌而言可以說是一種自我否定。

然而，Leorias 反而選擇突破這一點。我們現在就是在研究不運動的人，他們的生活型態。接下來，為了研發產品，我們勢必需要更多更多資料佐證。如果我們可以讓商品跟『走路方法教室』一起販售，就可以管理顧客的ＩＤ。」

「什麼意思？」石神追問。

「就是把顧客變成會員，我們可以持續關注顧客的煩惱。現在，顧客有什麼煩惱？需要什麼解決方案？我們都能夠直接傾聽顧客的聲音。把這些資料數據化、讓顧客成為會員，Leorias就能收集想開始運動卻無法運動、想變漂亮等等女性的煩惱。這些資料不僅可以成為公司的參考資料，也可以販售給比我們公司更能提出解決方案的企業，這不也是一項收入來源？」

一瞬間，全場都安靜下來。

大家花了不少時間理解。

經過一段時間的靜默，會議室裡大家歡聲雷動。

「前田，妳真是天才！不愧是研究生！不愧是左腦型的人！」

「謝謝大家。」前田看起來很開心。

「前田，太厲害了。竟然能想到這個方法。」須藤說。

「各位，要走到這個地步需要花不少時間。至少也要等momentum滲透顧客的生活，走路教室與服飾也能連帶販售，整體流程推動順利，使用者增加才能收集資料。」

「本來覺得大數據跟我們公司一點關係也沒有，沒想到竟然可以用這種方式實現，好像做夢一樣啊！」竹越的眼神發亮。

「謝謝大家。那麼資料庫的準備以及社群營運的部分，我會跟負責人商量之後再著手進行。」

前田自信滿滿地說，並且接著補充道：「順帶一提，剛剛提到在exhibition·sport開辦momentum

的走路方法教室，我希望能擷取這裡的資料。我們必須了解帶著孩子的家庭主婦，她們有什麼需要解決的任務。」

前田拿出事前準備好的一大把竹枝。

「這是什麼啊？」

石神不禁笑了出來。

「這是七夕會出現的竹枝。（譯註：日本在七夕時習慣在竹枝上掛許願紙條。）各位都會寫好心願掛在竹枝上對吧！願意嘗試 momentum 的人，我們就請她寫下心願。接下來會發生什麼事呢？顧客應該會寫下自己的目標或現在遇到的問題等等。當然，顧客也可能寫下除了身材以外的煩惱，即便如此我們還是能夠從中獲得提示。各位覺得如何？」

「妳也太厲害了吧！真是鬥志高昂耶！」

「謝謝大家。我最近好像被須藤先生影響，右腦也開始活動了呢！」

「太棒了！」須藤輕聲地對前田說。

接著，須藤轉頭高聲說：「感謝各位。大家都各自針對 momentum 提出不錯的解決方案，我想就趁現在擬定具體策略吧！」

如何展現不同於替代方案的特點

「接下來，我想整理 momentum 本身的價值提案。我們剩下價值提案最後一個部分還沒解決，也就是我們要如何向顧客提出訴求？如何展現不同於替代方案的特點？詳細內容包含價格帶、廣告標語、正式名稱等對客戶宣傳的方法。而且，我們並沒有任何宣傳預算。石神先生，有什麼好點子嗎？」

「須藤，我早就想到你會這麼問，所以早就準備好了。」

「因為跟剛才的解決方案也有點關聯，所以我想還是先決定價格好了。主要商品我直接定價一萬四千日圓。」

「你在說什麼！？你是中邪了嗎！？現在市面上的健走鞋行情都在一萬日幣以內耶！我們的品牌這麼弱勢，還比別人貴四千日幣，你是認真的嗎？」

清井忍不住就挑起毛病。

「阿清大哥，這是須藤教我們的啊！我們要顛覆業界的常識、站在顧客的立場。所以我才恍然大悟。我們公司已經沒有現金，所以我更認真地學習找出方法，我們就用一萬四千日圓賣這個產品吧！」

石神眼神認真地回答清井。

須藤靜靜地聆聽。前田擔心地看著場面混亂。此時，石神再度發言。
「如果你要問為什麼是這個價格。我可以告訴你，因為這其實非常便宜。」
「怎麼說？」
「阿清大哥，你聽我說。momentum的替代解決方案，已經不是單純的健走鞋。也就是說，這款鞋不只是附加其他功能的『差異化商品』。」
「我完全聽不懂。」
「阿清大哥，我說的不是替代商品喔！我說的是替代解決方案。從解決方案的角度來看，我們的產品也可以成為運動鞋以外的解決方案，而且這雙鞋可以每天穿，只要每天穿就能達到效果對吧？」
「當然會有效果。我們的產品在女性每天的活動當中，都能針對腳踝、臀部施以適當的肌肉負擔，當然會有效果。」
「那麼如果套用剛才須藤說的coverage，我們的替代解決方案就等同於健身房。既非單單是健走鞋也非瘦身器材，對吧？」
「喔！這麼說也是啦……」
「那我們的替代解決方案是健身房，而且我們的產品有一個比健身房更好的優點，那就是很多人會懶得去健身房。我們本來就以平時很忙碌，無法去做瑜珈或去健身房的女性為目標顧客。如此一來，對她們來說 momentum 是一個比健身房更好的解決方案，而且還能『邊穿邊瘦』。只要在日常生活中穿這雙鞋，就能雕塑身材。」

「原來如此。不過這跟一萬四千日圓有什麼關係？」

「其實我調查了瑜珈、皮拉提斯以及健身房每個月大概要花費多少金額。結果發現，每個月幾乎要花兩萬日圓。入會費、月費、到現場去運動之後喝飲料的費用等雜費，加在一起大概會是這個金額。依照這個金額為基礎，仿照衣服周年慶拍賣的模式打七折優惠，顧客應該會買單。所以總共是一萬四千日圓。各位覺得如何？」

「原來如此。石神啊！這個利潤會非常高。以 Leorias 截至目前的利潤來看，是壓倒性的數值，幾乎跟大廠牌一樣高了。當然，大廠牌是用大規模賣低價商品才能賺到這麼多利潤。」

「沒錯。反正我們要改變獲利結構，至少也要做到這一步。對吧？而且還能提高我們產品的價格。如果成功，就能推翻整個業界。不過也有可能不會被注意，畢竟我們是要賣給不運動的人。」

「原來如此。還是有一點冒險啊！」

「阿清大哥這樣就怕了？我再給各位一些資訊。各位覺得電視購物的瘦身器材，大概要多少錢？這些東西好賣得不像話。我看了很多電視購物的節目，發現大概行情價落在一萬五千日圓左右，可見得電視購物也知道這個計算方式。價格大概設在健身房的75％，顧客能獲得25％左右的價值感。所以，momentum 一定能賣一萬四千日圓，顧客根本不會覺得我們的利潤太高。」

「原、原來是這樣啊……你說得也是。」

石神這番話迴響在清井心中。

「清井先生，這就是打造品牌價值。不像以前成本加利潤的思考模式，而是思考顧客願意花多少錢購買這個解決方案，也就是從價值出發。你看，片瀨教授的書裡面也有寫，就是支付意願（WTP）啊！阿清大哥，你不是也有讀嗎？」

石神開玩笑地說。

其實，石神從這個計畫開始之後，就熟讀片瀨的著作，希望能為這個計畫貢獻一己之力。尤其是知道沒有廣告宣傳預算之後，更激發了石神的職人精神。

他努力採用新知識與方法論，每晚研讀「那本書」，現在終於派上用場。

拓展辨識度

「石神，我們在沒有廣告宣傳費的情況下，要怎麼讓顧客知道我們的產品？要如何才能用這種高價格販售？」

清井才剛說完，岩佐就接著問：

「我也很擔心這一點。從成本和利潤來看，我們的利潤分配的確很高，但顧客的負擔也相對變大。」

「交給我吧！」

石神這句話透露出平時未曾顯露的信心。

「關於這一點，我已經說過很多次了。這是『讓顧客購買價值』的商品，它的替代方案是『皮拉提斯』、『瑜珈』、『健身房』，而且我們還可以強調使用簡單而且不會受到挫折。所以我們可以用『絕對不受挫的健身房』當作廣告標語。如此一來，對『健身房』有疑慮或有興趣的人，都會被吸引過來。而且，實際上的確有很多人受到挫折，我們可以利用這個對比設計廣告標語，讓顧客自然而然找上門來。」

「原來如此。讓顧客自己找上門啊！」

岩佐聽了感到非常欽佩。

「沒錯。所以我們剛開始不需要製作大量產品。也就是說無論一雙鞋成本多少，我們都要把價格設定在一萬四千日圓。竹越，我說得對吧！」

「是的，你說的沒錯。假設零售價為一萬四千日圓，那我們給零售店的批價是60％的8400日圓。就算這樣我們至少也有50％的利潤，甚至可以高達60％。」

連冷靜的竹越都顯得比平常還要興奮。

「所以，替代解決方案為『健身房』，我們所要傳遞的訊息是『決不挫敗』。價格是健身房的

70％左右，也就是一萬四千日圓。剛開始只要準備少量的商品，等待顧客在網路或店家找上門。這是我擬定的基本戰略。」

大家聽了都覺得很佩服石神，但須藤卻有不同意見。

「但是，光是這樣風險太大了。我認為無論網路或店面都需要辨識度。」

「關於這一點我已經有辦法了。我把這個計畫告訴以前就認識的某財經節目製作人與財經報社記者，他們很感興趣。畢竟我們運動品牌的目標客群竟然是不運動的人！他們很好奇我們會用什麼技術來實現這項產品？失去光芒的 Leorias 是否能夠重新擦亮招牌？他們希望能採訪這個計畫。」

「和石神先生有交情的該不會是晚上11點播出的那個財經節目吧？是不是介紹新產品與技術的節目啊？」

「沒錯，就是那個節目。不只如此，電視台其他的節目也表示希望能一起採訪，其實我們的產品大家都想報導。」

「石神在媒體界的影響力實在太大了，好厲害！」

「不是的，是價值提案太優秀了。我目前為止都負責展示、銷售產品，但我從來沒有想過『讓顧客購買價值』。其實，最近我們除了 Leocoa 以外沒有推出什麼好產品，所以電視、傳媒都對我們興趣缺缺。然而，我們這次認真打造『價值提案』，就算不打廣告也會自然出現許多其他宣傳活動或報導。這是我們絞盡腦汁創作的商品，雖然每項商品都是這樣辛苦創作出來的，但這項商品同時也是能夠解決眾多消費者任務的價值提案。我想只要在媒體上稍微曝光，馬上就會有消費者上門。只是，我還需要藉助須藤的業務能力。」

「需要我做什麼呢？」

打造品牌印象

石神對須藤說：

「我們的『momentum』如果在量販店大量鋪貨，其價值大概就會蕩然無存。你了解吧！我想要慎重的供貨。首先，我想我們必須和能夠正確傳遞『價值』的零售店合作。」

「石神先生，我才正想要跟你說這件事呢！我也不想供貨給形象低價的量販店。」

「咦？你要限定販賣地點？這樣就不可能衝高營業額啊！」前田說。

「不，剛開始的時候可以這樣做沒關係。零售店可以配合這雙鞋子調整銷售方式，嚴格以定價販售，所以我希望只出貨給零售店。也因為這樣，石神訂了較高的零售價格。我們需要的不是營業額而是利潤。我們好不容易完成的產品，如果因為賣得不好就把價格降低，最後頭痛的還是我們自己。」

「原來如此。但是限定銷售範圍還是太……」前田追問。

「所以，這只限剛開始的時候。起頭最重要，我們有各種宣傳管道，我想讓商品有高價感。如果能明訂產品給予消費者的形象，那零售店也會了解我們的想法，之後只要大幅度推廣即可。」

「原來如此。這是行銷的戰略對吧！目前還沒有人嘗試過，難免令人躊躇不前，不過這的確是我們應該要思考的重點。」

「我知道了。石神先生，那就照你所說的方式，我們跟『能夠傳達商品價值』的零售店合作吧！我們優先考慮的合作對象應該是exhibition・sport對吧！不過，exhibition集團總共有300家零售店，光是這樣數量就已經驚人了。這個部分我會再跟商品部長商量，我希望清井先生和岩佐跟我一起去。我想這是一個很好的機會，可以傳達我們製作商品的想法。」

「當然好，要去哪裡說明我都奉陪。對我來說，這個產品就像是jump・around換個形式重新出發一樣，我當然希望能多講一點它背後的故事。」

清井開心地回應，並且指示岩佐安排時間。

「還有，我想以百貨公司為主展開宣傳。我們必須舉辦學習會教導如何接待顧客，畢竟我們的重點必須放在以定價銷售並且持續提案。這個部分請石神先生務必和我一同前往。」

「沒問題。我也認識許多百貨公司業界的人。百貨公司的顧客年齡層，恰好就落在我們的目標客群40歲到60歲的女性。須藤先生，請務必讓我一起拜訪百貨公司。」

石神繼續說：

「須藤，其實在廣告宣傳和實體店面販售上，還有一個隱藏版的絕招。」

保證產品價值

須藤大吃一驚。

「在行銷上還要多加什麼嗎？」

「沒錯，還有絕招。」

「絕招？」

石神慎重地強調。

「就是價值保證。」

「價值？保證？」大家一起複誦一次。

「這次行銷完全沒有廣告費，所以我想了很多辦法。我去調查了一下，像我們這樣的挑戰者要怎麼在充滿競爭對手的市場中殺出重圍。雖然大家都很認真地在思考價值提案，但是我們自己老王賣瓜說『這產品最好！』顧客也不會買單。畢竟我們的目標客群本來就不是會買運動用品的人。新的公司而且又是沒聽過的品牌，大家還是會感到害怕。消費者不會因為我們的品牌而去購買商品，那我們該如何是好？」

「要怎麼辦呢？」前田問。

「推出退費制度，如果買了之後不滿意，我們就退費。如果顧客在生活中使用商品，卻沒有帶來任何改變就保證退費。這比單純的價值提案更進一步，我稱為價值保證。各位覺得如何？」

「保證價值啊？這太危險了。」岩佐說。

「我說岩佐，這是你拼命做出來的鞋子耶！阿清大哥，這雙鞋就算不能具體說明成效，但一定會有效果對吧？這樣還有什麼好猶豫的呢？」

清井雙手交叉於胸前，靜默不語。

「具體上要怎麼實施？」須藤問石神。

「健身房大概一個月會開始出現效果，價格設定應該也是照這個基準。那我們就推出30天內保證退款。不管是什麼理由、商品狀態如何，只要不滿意我們就接受退貨。不過，顧客的ＩＤ必須由我們管理。顧客只要購買產品，就必須登錄momentum的會員網頁。這個階段我們可以交給零售店，只要設計出在現場就能簡便辦理手續的系統即可。我也是之後才發現，此時收集到的ＩＤ資料對『煩惱研究室』的資料庫也很有幫助。前田，我們還真是心有靈犀啊！」

前田面對石神突如其來的玩笑話，雖然害羞還是努力把這個玩笑開了回去：「石神先生，真是太棒了！」

「原來如此，用保證退貨交換顧客登錄ＩＤ。如此一來製造商就能直接和顧客接觸，以後還會衍生更多機會呢！」須藤說。

「我說石神先生，我沒什麼經驗，無法想像價值保證能帶來什麼效果。有沒有什麼例子能參考？」

竹越無法認同，接著追問。

「竹越，這是個好問題啊！來，請看這個。」

說完，石神發給成員每人一份四張Ａ４紙左右的報告。

「這就是所謂的價值保證，也是挑戰者在市場裡開疆闢土的實例。」

價值保證的實例

● 現代汽車保障計畫

雷曼風暴時全美不景氣，所有東西都賣不出去。在這種狀況下，汽車應該也賣不好才對。

全美一年的新車販賣台數只有957萬台，跌到只有一年前的6成。

不只通用汽車、福特、克萊斯勒等廠牌，連TOYOTA汽車、HONDA、NISSAN某個月自小客車的銷售台數，都跌到去年同月的3～6成。此時，卻有一家公司的銷售台數比以往多出1成。

這家公司就是韓國的汽車製造商——現代汽車。現代汽車並未推出新款，只是單純執行「價值保證」而已。這項計畫就叫做「現代汽車保障計畫」。

保障內容是這樣的：若車主在一年內，遭遇失業、死亡、受傷、搬家到國外、破產等意外，只要退還原車就能抵銷7500美元以內的貸款。而且，無論年齡、健康狀況、職業，任何人都適用這項優惠。

如果只看汽車銷售，這個計畫可能會是一把雙面刃。然而，因為這個計畫，無疑讓許多對現在汽車有成見的消費者願意嘗試。這就等於他們成功啟動了品牌開關。

結果現在全美有越來越多的現代汽車在街上跑。也就是說，這個計畫是為了塑造品牌形象而執行的。之後，現代汽車也準備了很多推銷品牌的計畫。好萊塢鉅片當中，也越來越常出現現代汽車。（讓劇中主角使用產品的「置入性行銷」廣告手法。）

因為這項「價值保證」計畫，使得現代汽車廣為美國接受，成為一大汽車品牌。

（參考網址http://diamond.jp/articles/-/3173）

●橫濱 DeNA 海灣之星

2011年12月社群遊戲DeNA被橫濱海灣之星併購，故球隊以橫濱DeNA海灣之星名義重新出發。

在IT業界叱吒風雲的DeNA經營球隊，採用全新的方法策略。其中一個策略就是保證「比賽的趣味」，推出『全額退款!?好熱血!入場券』。

他們針對2012年5月1日到6日的地主戰，導入依照『顧客滿意度』變動價格的門票。「比賽本來就有輸贏，但比賽本身是否讓顧客感到熱血沸騰?我們這次計畫將顧客的感受反映在票價上。（資料來源為海灣之星官方網站）」（參考網址http://www.baystars.co.jp/news/2012/04/0411_01.php）

依照「顧客熱血沸騰的程度」收取票價，並且由顧客自行申報。若橫濱DeNA海灣之星贏球，最高可以退一半票價，若輸球票價可以全數退還。具體的作法是販售門票時，連同退款券一起交給顧客。

顧客為何來看比賽?他們觀察顧客的任務之後，才產生這個「價值保證」計畫。因為是職棒，所以必須讓顧客來看比賽時感到「熱血沸騰」。做這種價值提案，當然必須保證其價值。因此，著眼於這一點的球團才會決定要有保證制度。

整個比賽結果是三勝一敗一平手，約有85%要求退款。雖然這只是一部分的退款，但也沒辦法打平球團的收支。

儘管如此，球團連續數日登上電視新聞以及報紙、網路報導，對球團而言大大節省廣告費。

如果棒球比賽很無趣，只要有一個可以抱怨的地方，顧客就不會再出現其他破壞性的行為，反而會覺得「竟然有這麼誠實的公司」，球團還可以獲得好評。

以新體制重新出發後的球團，藉由這個計畫，得以在最小成本下獲得最大的品牌效益。

（參考網址 http://www.sponichi.co.jp/baseball/news/2013/09/03/kiji/K20130903006541870.html）

計畫成員的反應

成員們各自閱讀報告時，石神一邊簡單說明了內容。

他接著問：「竹越，你覺得如何？」

「原來如此，我覺得值得一試。畢竟有其它成功案例啊！」

「其實，電視購物更會利用這個方法。畢竟顧客只能看畫面決定要不要購買啊！一開始是如果商品沒有使用過，一星期內可以退貨，但慢慢轉變成用過也可以退。」

「原來如此，電視購物果然還是需要價值保證啊！我比較擔心會有多少人退貨……」竹越接著回應。

「我本來是不想去考慮退貨，只想做好價值提案，但我覺得還是留10%的緩衝會比較好。就當作是學費吧！」

「如果在10%左右就很不錯了。而且，我們還是用成本會計法計算。」竹越說。

「這樣啊！如果把10%當作廣告費，那就真的是太便宜了。就像竹越說的，我們是以成本會計法計算。更進一步說，這10%不需要先付現金，如果是廣告費還必須先付全額，用這個方法我們有30天的時間，不需要付出款項。」

「石神先生太厲害了！會計上雖然不會認列廣告宣傳費用，但這個金額也實在很便宜啊！而且還能成為之後的經驗財產。為了今後 Leorias 的發展，我認為值得一試。可以的話，我希望能傾聽那些退貨顧客的意見。這些意見不只可以用在以後開發新產品，也可以成為煩惱研究室的討論重點。」

「前田真是可靠啊！」石神又開始開起玩笑。

「但是，請各位不要誤會。我們不是以退貨為前提在製作產品。如果我們抱著這種想法，產品本身的價值就會七零八落。因此，我們要盡全力做到顧客不會退貨。當然，我已經想好就算下跪也要拜託零售店徹底接待顧客。」

須藤再度重整氣勢。

「須藤，這是一定要的。我們就這麼辦吧！」石神說。

「總之，謝謝石神先生。我真的是刮目相看。我沒想到你是這麼厲害的人。唉呀，真是刮目相看啊！」

「須藤老弟，你還是別多說話好了。」

石神苦笑，並且接著說：

「我的部分就到這裡結束。我想先整理今天提出的幾個解決方案、行銷策略以及收費區塊，現在就把『momentum』的商業模式完成吧！」

「那就現在開始吧！今天可能會到很晚，有勞大家了。」須藤充滿活力地指揮，大家也都表示同意。

徹夜奮戰後的清晨

早上六點，岩佐從 Leorias 總公司四樓的休息室走出來，懷裡抱著六罐咖啡往「商業模式研究室」走去。

大家一起熬夜工作。

所有成員雖然滿身疲憊卻神清氣爽。

大家各自拉開易開罐咖啡的拉環時，須藤開口說：

「托各位的福，終於走到這一步了！雖然還是草創版本，但終於可以向社長報告了！」

「乾杯！」

石神幹勁十足地喊聲。

「乾杯！」大家都跟著附和。

須藤雖然也已經疲憊不堪，但眼神依然充滿鬥志。

「各位請到淋浴間沖個澡吧！如果想先回家一趟也沒關係。感謝大家一起努力到這個時間，我會再確認一次投影片，大家不要客氣先去休息吧！」

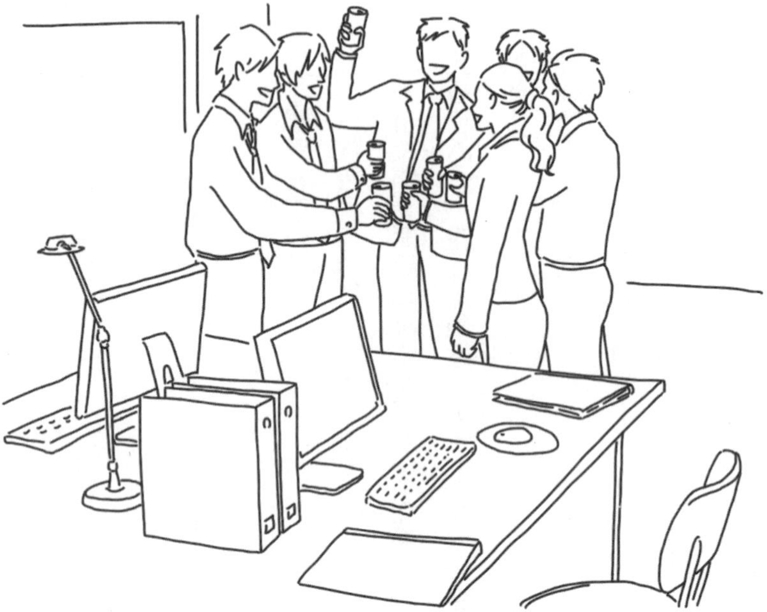

「那之後就拜託你了！」

「須藤先生，我先走了。」

除了須藤以外，其他五人離開「商業模式研究室」，各自回去休息。

須藤緊盯著螢幕。

不經意看到放在一旁的產品，上面寫著「Sample#4」。

「momentum，接下來就拜託你了。請再次給予 Leorias 力量吧……」

須藤不斷祈禱。

學習重點 13

價值保證的有效性

本章介紹的價值保證案例，在各業界都有出現有效案例。關於這一點，筆者一併介紹曾經參與過的滑雪度假村的案例，以及最近的西友集團案例。

①滑雪度假村

位於秋田縣田澤湖的滑雪場，以**「價值保證」**為主題，改變了商業模式。

保證美味不滿意可退貨的餐飲、為了替顧客減輕天氣風險而導入能夠在剩餘時間內重複使用滑雪場纜車的服務等，不僅大幅改善顧客滿意度，同時也產生許多獲利。

星野度假村的 ALTS 磐梯滑雪場不僅有餐飲保證，滑雪．滑雪板學校也有**「學習保證」**。滑雪學校保證學生可以學到一定程度。如果學生沒有辦法達到設定好的程度，可以選擇退款或者可以繼續學到會為止。結果顧客對滑雪學校的滿意度非常高，回流到滑雪場的比率也隨之提高。

像這樣的價值保證，會在工作現場形成緊張感。大家都會為了避免顧客退款，盡力維持服務品質，而這種氛圍會擴展到整個公司。

②西友的生鮮食品

西友綜合超市（GMS）從以前就以挑戰者之姿，在日本廣大的零售流通業戰爭中不斷嘗試新的策略。

其中最具特色的戰略，就是從2014年4月開始，在374家有經手食品的門市公告「不滿意就全額退費」。

這項服務適用品項有蔬菜、肉類、魚貝類等生鮮食品，如果顧客不滿意就全額退費。只要把該項產品收據帶到門市就能退款。也就是說，只要有收據就能無條件退款。生鮮食品是超市的主力商品，為了提升商品品質，並且擊退日本國內消費稅增稅後疲軟的購買力，西友選擇用這種方法面對。

退款條件是有收據即可，就算已經吃掉也沒關係。櫃檯也不會詢問地址、姓名或理由。母公司沃爾瑪早就行之有年，的確有一段時間退款人潮多，但最後仍然提升了銷售額與利潤。

這是提升生鮮食品新鮮度的其中一環。也就是為了讓超市現場以及供應商一直都保持緊張的策略。

而且，讓顧客來評價商品也有其目的。重點就是要保證「要買生鮮食品的話就到西友超市」這個提案的內容。

媒體大幅報導這項措施，讓「生鮮食品＝西友市場」的印象能夠傳達出去。就算某個門市經常必須退款給顧客造成大量損失，以整體集團而言，把這些損失當作建立品牌形象的投資其實相對便宜。

（參照：日本經濟新聞2014年3月27日早報）

像這種價值保證的方法，對品牌力較弱的公司是非常有效的策略。

該策略目的在於消除顧客不買的理由，藉由這種方式來削減顧客購買商品時的風險。

然而，針對退款也有條件必須遵守，那就是絕對不能有太過複雜的退款程序。退款限制越少越好，簡便的退款機制更能提高效率。

如果想知道更多資訊的讀者，請閱讀哈特（Hart, C. W.）的文章〈100%保證服務的系統〉（《DIAMOND Harvard Business Review》2004年6月）。

第 8 章

Never Ends.

商業模式永無止盡

向社長報告

翌日，須藤預約與社長室伏面談，神清氣爽地迎接今天這個大日子。須藤帶著前田同行，以備社長問到財務數據時能夠明確回答。

社長室裡有一面65吋的液晶螢幕。

螢幕正顯示簡報的首頁：「Leorias 股份有限公司之新商業模式」

「社長早安。」

「早啊！須藤。」

室伏社長與野木英二常務一起走進辦公室。野木常務是從上一任社長當家時就開始在Leorias工作，並且扶持從事製造業的 Leorias 走到今天的老員工。據說除了在製造業以外的產業中，也赫赫有名。

不知道他們對這次準備的商業模式印象如何？須藤不禁感到肩上的負擔無比沉重。

「常務，早安。有一段時間沒見了呢！」

「須藤，我們很少能在公司見面啊！據說你忙得團團轉，身體還好嗎？」

「好啊！當然好。」

「抱歉，我來晚了。」財務部長大山也走進社長室。

沒想到大山竟然帶著辭退社長一職，目前為會長的創始人井原喜一前來。

「須藤，好久不見啊！」井原渾身散發出非比尋常的氣勢。

「好久不見。」須藤緊張地回答。

「我想讓會長，不，應該是說一手建立Leorias的創始人也一起聽聽改革的內容，所以才請井原先生特地跑一趟。有勞你了！」室伏這麼一說，須藤不由得正襟危坐。

「那我們可以開始了嗎？我接下來向各位說明，Leorias今後的新商業模式。」

終於要開始了。

【須藤的報告】Leorias的問題

「那我就開始了。首先，必須要談我們Leorias的目的。我們的目的是『讓整個世界為運動瘋狂。讓所有人自動自發的想運動，藉此讓世界更美好。』基於這個目的，社長賦予我『改變Leorias獲利結構』這個任務。不只是削減成本，而是在提升顧客價值的同時，也能獲得比以往更高的利潤。

要實現這個任務必須依靠商業模式。我身為門外漢，一邊學習一邊研究商業模式，借助某位專家之力，才總算與計畫成員一起建構商業模式的骨架。今天我將針對我們研擬的商業模式做簡報。」

室伏輕輕點頭。

「首先，必須追溯我們 Leorias 至今採取哪些的商業行為並且回首過往的道路。我整理幾個大重點：我們很早就跟上健身風潮，製作女性有氧舞蹈鞋 Leofit，曾經引領時尚潮流。接著是配合籃球旋風，推出高科技運動鞋，把運動鞋緩衝功能發揮到極致的 jump‧around，這款鞋也曾經風靡大街小巷。約莫兩年前，著眼於『姿勢』這個關鍵字，提供最佳解決方案的 Leocoa 成績也不錯。

我想說的是，儘管 Leorias 一直都生產不錯的產品，但商業行為本身可能有一些問題。社會上出現某種潮流，正要興起時 Leorias 總是能很快抓到第一波機會，製作出能夠成為最佳解決方案的產品。我們不僅有技術也有研發的能力，所以才能在茫茫大海中，精準抓出重點潮流。然而，不知道為什麼這種作法越來越不管用。其實原因很簡單，這是因為網路時代已經開始。

新的潮流一旦開始風行，會先在網路世界裡擴散。大型的外資企業對這股潮流搶先發表鞋款概念，快速產品化並且大量生產，找明星代言大打廣告席捲市場。因為網路的普及，使得 Leorias 的做法相較之下非常原始。不過，我們也是最近才發現到這一點。」

井原凝視著須藤。

「我們一直很單純的認為 Leorias 沒辦法做出更新的產品。進公司的時候，我就看到 Leorias 悲慘的現狀。沒辦法做出暢銷鞋款，不管做什麼都是炒冷飯而且晚別人一步。所以不管我們推出什麼產品，都沒辦法讓顧客認識我們，最後只能降低價格，有時甚至認賠出清庫存。

我們總是把希望寄託在下一個產品，沿用過去的方程式。也就是說，我們只顧著眼前既有的需求，一腳踏進過度競爭的區域。

我經手的 Leocoa 其實是沿襲 Leorias 的優良傳統製作而成。這項產品是剛好在零售店賣場發現『姿勢矯正』這個關鍵字，然後將其商品化的結果。之後，因為開始流行鍛鍊『核心肌群』，所以這項產品正好領先市場趨勢。我這個時候了解到 Leorias 具有研發產品的能力，但是必須好好與顧客溝通才行……

那麼我們接下來應該怎麼做呢？其實答案很簡單，我們必須要先決定目標客群，然後找出這些人正在煩惱什麼。」

她們「曾經」是 Leorias 的顧客

須藤繼續說。

「這次我找來開發部、行銷部、SCM 部以及財務部的人，一起嘗試建構新的商業模式。配合製造業的風骨，首先我們以產品為中心構築商業模式。一開始我們必須先思考目標客群以及顧客任務為何。我們要把身懷哪種任務的人當作顧客呢？

此時，我們不能弄錯方向，也就是不能追著目前的潮流跑。畢竟，Leorias 已經犯過這個單純的錯誤了。現在，我們幾乎沒有知名度，年輕人也不知道這個品牌。在這種狀態下，就算 Leorias 製作新產品也只是自我毀滅而已。

所以我們設定的目標客群為『曾經支持過 Leorias 的人』。如果是這群人的話，不僅知道 Leorias 而且不會排斥這個品牌。」

大山盯著液晶螢幕顯示的畫面。

「所以，我們設定這群人為目標客群。更直接地說，我們以曾經是『Leofit』的顧客為目標。具體而言，就是現在40歲到60歲的女性。這一群人應該都對Leorias的商標有印象。她們的年紀，現在大概是大學生的家長。我們先設定這群人為使用者。

接著，我們去了解這個年齡層的現況，發現她們大多數都是已經結婚的家庭主婦，而且雙薪家庭很多。光是家務就已經很辛苦了，還必須兼職打工。雖然還是想維持健康美麗，但卻因為無法運動而胖了起來。新陳代謝下降身材走樣，但是終日忙碌，導致做完家事就累得呼呼大睡。這就是顧客的現況。」

前田緊張地看著須藤。

「所以我們想到『如果有可以輕鬆瘦身的方法就好了』。其實電視購物頻道的商品或健康食品之所以會熱銷，都是因為這些女性的支持。反觀運動品牌的情形如何？針對『不想激烈運動，但又想變漂亮』的『任務』，是否有充分回應呢？運動品牌一直以來是否都只支持『熱愛運動的人』？這麼說雖然有些誇張，但我認為運動品牌對於墮落不運動的人都是直接放棄。

這一點我們應該要好好反省。我們的支持者已經老了，但是我們卻只把注意力放在年輕人身上，只提供適合年輕人的解決方案。結果，導致原有的支持者離我們而去。然而，這不正是因為我們認為『你不是我的顧客』而拋棄了支持者嗎？若是如此，那麼我們目前的處境可以說是理所

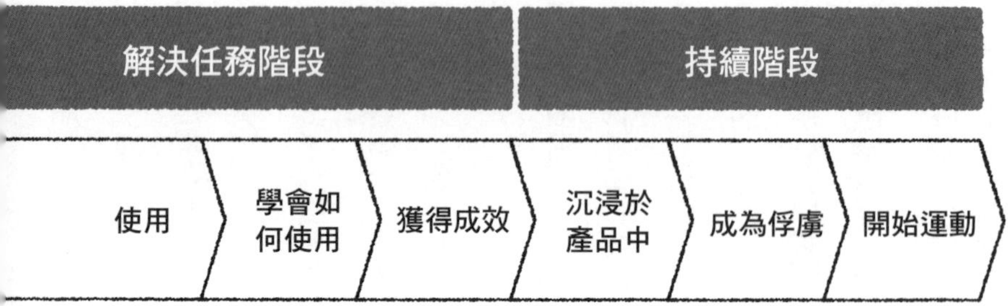

當然。」

井原閉上眼睛雙手交叉於胸前。

「請看下一張簡報。這是顧客的活動鏈，顯示顧客一連串的活動流程。我們在這個認知下，把『健身房』當作『關鍵字』，以『想輕鬆瘦身』的女性為對象，讓顧客『購買』最佳的解決方案。」（請參照圖表42）

【須藤的報告】解決方案

「這次我們為目標客群準備的解決方案就是『momentum』。請看這裡，雖然還是試做階段，但已經接近可販售的版本。這個單字有『彈力、氣勢、契機』以及專業術語『運動量』等意義。總而言之，這

圖表 42 **顧客活動鏈**

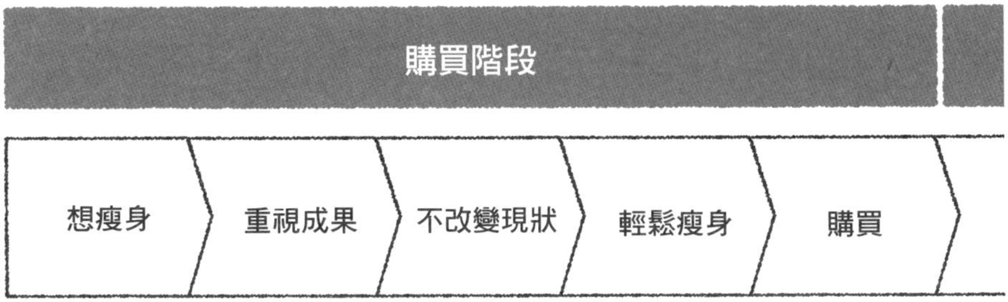

款鞋是運動品牌專為不運動的人設計，蘊含『開始運動的契機』之意。

廣告標語定為『絕不挫敗的健身房』。強調這不只是一雙運動鞋，而是可以創造『健身房體驗』的產品。」

大家開始觀察樣品。

「鞋底當中使用隨空氣移動的特殊形狀，創造出搖搖晃晃的不穩定狀態。這是一款結合穩定以及不穩定的設計，非常不可思議的產品。其實，這是從我提出價值提案之後，開發部門拼命製作出來的樣品。

然而，一切並非從零開始。這款鞋應用以前製作 jump・around 時被淘汰的樣品技術。因此，研發費幾乎等於零。各位覺得如何？應該做夢都沒想到 jump・around

可能再度拯救 Leorias 吧！這雙鞋定價一萬四千日圓，算是高價位，但如果從加入『健身房』、『皮拉提斯』課程的角度來想就顯得便宜。畢竟，目標客群正因為沒辦法去健身房而苦惱不已。

截至目前為止，我說的內容都跟 Leorias 以往的產品會議一樣。我們必須回想這次的主要目的是改革獲利結構與商業模式。也就是說，光是高價賣出不需要研發費用的運動鞋不足以達成目標。因為，**獲利的背後一定有解決方案**。只要從解決方案出發，顧客一定會為了『充分』解決任務而付錢。」

處理尚未解決的任務

須藤繼續說：

「也就是說，我們必須要找出在顧客活動鏈中，光是販賣產品也不能解決的任務，並且想辦法幫助顧客解決。請看下一張圖。這是在剛剛的活動鏈之中，用○來標示哪些部分已經提供解決方案，●則是表示收費的區塊。很有趣的是，針對『想輕鬆瘦身』的顧客，『瘦身器材』、『健康食品』、『運動DVD』都只有在顧客購買產品時收費。如此一來，就是以如何『賣完』高毛利產品決勝負。

另一方面，健身房的情況又是怎麼樣的呢？因為有教練指導，顧客會有繼續運動的動力。對健身房而言，除了入會費以外，最大的收入來源就是續約的費用。因為是服務業，所以能夠緊密地與顧客溝通。從這層意義上來看，健身房並不講求售完，而是從運動指導和後續維持來收費。然而，會員如果並沒有特別想運動，或者想更積極地鍛鍊肌肉，健身房也沒有升級或額外收費的機制。

參考這些解決方案，momentum首先以運動鞋的型態向顧客提出解決方案。當顧客開始學會使用產品之後，我們還準備了飾品與服裝。我們的解決方案並非激烈運動，因為顧客群是不想運動的人，所以我們提供有一些附加功能而且美觀的襪子與服飾。也就是說，這是一種生活風格的提

解決任務階段			持續階段		
使用	學會如何使用	獲得成效	沉浸於產品中	成為俘虜	開始運動
○					
○					
●	●	○	○	○	○
●	●	○	○	○	●

案。而且，momentum也提供未解決的任務一個好方法。我們將開辦協助學會使用產品的『走路方法教室』以及『穿搭教室』。

這一些活動本身就是針對平常不運動的人，所進行的運動風的生活提案，我認為這可以交給零售店來辦理。尤其是exhibition・sport這家零售店和momentum一樣，對『試著開始運動』的顧客有很大的影響力。

再加上我們一直以來都有合作，雙方關係良好。這件事也已經與對方的商品部長討論過，並且獲得對方同意。我們也決定讓momentum在exhibition・sport領先販售，對他們來說也是很好的條件。

而且，對方也可以建議顧客跟其他產品

圖表 **43** momentum 與替代方案的 Business model・coverage

	購買階段					
	想瘦身	重視成果	不改變現狀	輕鬆瘦身	購買	
瘦身器材					●	
健康食品					●	
瘦身運動DVD					●	
健身房					●	
momentum					●	

一起購買。exhibition・sport可以對至今只購買服飾的主婦們推銷一萬四千日圓的運動鞋，甚至其他產品。當然，其他產品我們無法收費，但解決方案本身應該具有非常大的效果。」

井原與室伏都靜靜聆聽。

「襪子或服飾的利潤不會很高，所以光靠這些周邊產品無法改變獲利結構。充其量只是以運動鞋為基礎招攬顧客，在這項產品上增加利潤而已。

顧客一旦發現有成效，就會沉浸於產品之中。這個部分的解決方案就像我們必須與零售店溝通一樣，雙方必須站在同一陣線。

所以，我想導入保證有成果的『價值保證計畫』。這是顧客若沒有獲得成效，就能退款的機制。詳細內容就如同前田正在發的資料一樣。也就是我們的產品會加保證成效的解決方案。

有一部分的外資品牌，以辦活動的形式做過同樣的事情，但 momentum 則是直接附加於產品當中。只要能證明顧客在何處、何時購買，都可以退款。這個概念在製造業，尤其是運動品牌尚未普及。各位可能覺得這個方法很蠢，但其實我們另有目的。退款的條件就是要請顧客登錄ＩＤ帳號。」

須藤說這句話的瞬間，井原的眉毛挑了一下。

「也就是說，我們可以測定顧客使用 momentum 的成效，或者用智慧型手機的ＡＰＰ傳送訊息，準備讓顧客分享瘦身煩惱的空間等等。

這些顧客服務我希望能有專屬 momentum 的員工執行。雖然會花掉一些預算，但絕對能獲得好幾倍的回饋。這個服務不只是提供顧客解決方案，同時也會成為獲得今後開發新產品靈感的知識中心。

藉由管理資料庫，找出今後女性的『任務』。其實，重點在於一開始就設定好目標，把資料收集到一定程度並且管理資料庫。要給顧客填寫的問券也必須事先準備好。」

室伏睜大眼睛。

「為什麼我們要做這些事？一切都是為了改變 Leorias 的獲利結構。在這裡收集到40歲左右女性的資料，應用到 Leorias 的產品開發。我們不僅省下聘請顧問或行銷公司的費用，Leorias 自己也可以成為大型的研究所。我們如果把這些資料拿來銷售呢？其實這就是這次發想的重點。總之，這個做法最大的優點就是能連結製造商與顧客。

我們只要把數據整理並且加以企劃，就能把數據販售給其他公司。負責營運 TSUTAYA 與 T-POINT 的 Culture Convenience Club 公司也正在做相同的事。

當然，做這些事需要花一點時間，但我們必須一開始就規劃好才行。雖然花時間，但我認為必須確實經營資料庫，快的話大概需要一年半的時間。為了資料庫營運，我們必須先讓 momentum 熱銷。

而另一方面，我們也必須誘導因為 momentum 而開始運動、想要繼續獲得成效的顧客，繼續購買 Leorias 其他商品。momentum 本來就是為了不運動的顧客設計的產品，但是顧客的程度也會慢慢地提升。

momentum 就是開啟顧客『之前用過 Leorias 的產品，之後也繼續使用吧！』這種想法，而且能鋪設後續動線的劃時代商品。對我們而言，momentum 也是宣傳既有產品的方法之一。（請參照圖表06）」

圖表 44 須藤的左右腦並用思考框架

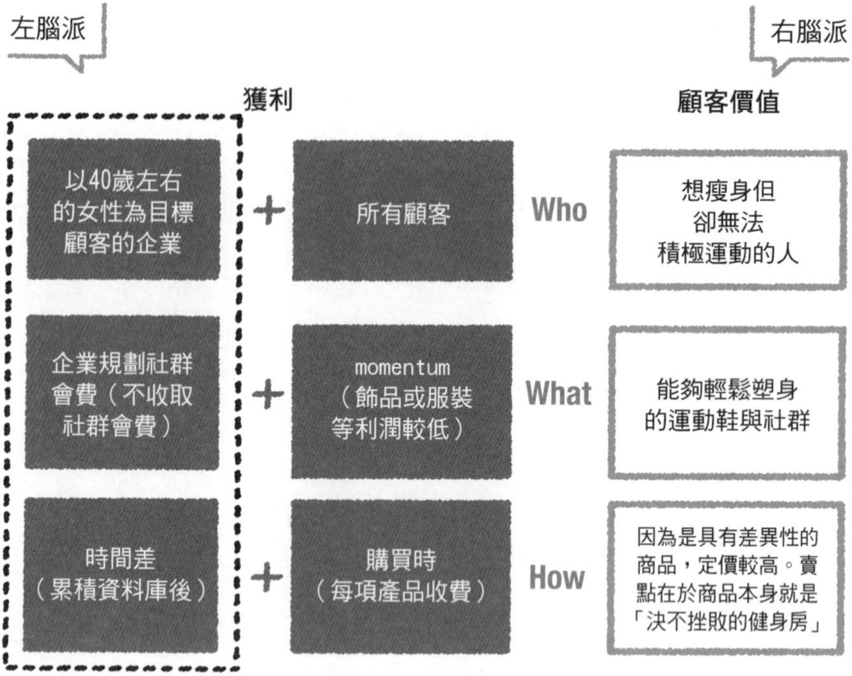

左右腦並用的思考框架

須藤的報告已進行了30分鐘。

「剛才的說明花了不少時間。改變Leorias 未來的 momentum 不單是一個產品，而是讓顧客能愛上 Leorias 的計畫，我們將其計畫轉化為商業模式之後就如同這張圖表。（請參照圖表44）

這次的產品不會只改善毛利。我們的目標是持續而且徹底地與顧客溝通。不僅如此，我們與顧客溝通時獲取的資訊，可以整理後銷售出去，藉此徹底改善獲利架構。

銷售平台若能順利進行，我們預定讓消費者以會員制加入。而且，我們認為免費開放才是上策，平台有使用者才會形成積極的社群。況且，如果我們販售資訊，利潤將會是１００％。這個方法對製造商而言，將會是革命性的獲利方式。雖然會花較長時間，但我想以這種方式把 momentum 導入市場。

以上是由『商業模式研究室』所建構的商業模式。當然，實際上推行需要各位大力協助，如果順利進行我們也能發現其他的可能性。Leorias 今後或許不再是運動品牌，而是『致力於讓女性美麗健康的企業』。這個商業模式，今後勢必會大幅改變我們公司。我的報告到此結束。」

商業模式永無止盡

須藤的報告結束了。

社長室裡瀰漫著緊張的氣氛，甚至能感覺到不安的氣息。

雖然只是數分鐘的沉默，對須藤而言就像是經過好幾個小時。

〈究竟他們覺得如何？還是不行嗎？〉

難道我還是沒辦法說服經營團隊嗎？該不會就這樣結束了吧……

就在須藤這麼想的時候，有一個聲音打破沉默。

「我覺得很好。歡迎打破既有規範。」

第一個發聲的人是創始者井原。

井原令人意外的發言，讓大家都嚇了一跳。

須藤對井原拼命打造出來的 Leorias 挑出缺點，而且提出完全不同方向的商業模式，大家其實都聽得膽顫心驚。

「我做出來的東西已經是化石了。如果繼續下去，這家公司早晚會倒閉。這個業界裡，外資的大品牌很強勢，但他們也因為規模太大無法迅速應變。如果我們能夠找到新的商機，我當然贊成。這件事應該還有很多細節要討論，不過那已經是我無法想像的內容了。我就算再花十年也未必能想到這個方法，真是完全不同方向的思考模式啊！真是太令我吃驚了。」

須藤覺得井原的聲音宛如神之聲。

原來，室伏之所以沉默不語是因為在等井原發話。

「室伏，你找來的人真有一套啊！」

「會長，非常感謝您！須藤真的做得太好了！針對這個案件，各位覺得如何？」

「我們當然沒有異議！」

「其他成員有沒有意見？」

「詳細數據還有問題，但不會影響整體計畫。這個部分有前田在，我很安心。」財務部長大山說。

前田聽到這番話立刻端正姿勢，顯得很緊張。

「不過，跟零售店之間的關係很難建立。一開始先跟exhibition‧sport合作固然很好，但也必須注意不要因此影響其他零售店對我們不滿。畢竟，這是很強勁的產品。」

從很早以前就是Leorias支柱的野木常務，貌似給予忠告，但卻也以自己的方式讚許了momentum。

他也繼續說：「因為我一直都從事製造業，所以光是看到清井與岩佐做出來的樣品就已經很感動了。再加上頑皮的石神所構思的產品形象，真的非常完美。這項產品去蕪存菁保留過去Leorias的優點，可以說是Leorias再革命。我已經很久沒有感覺到這麼熱血沸騰了。須藤，雖然我跟你沒什麼交集，但是很感謝你如此熱愛Leorias。」

「那就表示我們可以從現在就開始進行對吧?須藤，可以吧！」

室伏再度確認。

「是的！當然沒問題。我們現在還只是雛型，如果能得到各位允許，我們還會繼續調整。有一位企業管理學者告訴我，商業模式是永無止盡的，只要打好骨架就沒辦法繼續紙上談兵，只能到現場去邊做邊改。」

「原來如此。商業模式永無止盡啊！那傢伙也曾經跟我講過一樣的話啊！」室伏別有深意地說。

「那傢伙？」

「不，沒什麼。須藤，你預計什麼時候進攻市場？」

「我預計半年後上市。在那之前先開展示會爭取訂單。」

「很好，那就交給你了。」

「好，我知道了。一切準備完成之後，就會讓產品上市。我絕對不會讓大家後悔今天的決定。」

須藤鬥志高昂地斷言道。

須藤與前田向四位董事告辭，走出社長室。

「須藤先生！太好了！」

「太好了！」須藤擺出勝利的姿勢。

「快點到『研究室』去吧！大家都在等須藤先生的好消息呢！」

兩人快步跑向「商業模式研究室」。

終章

momentum 計畫

距離那次會議已經一年半。

momentum 創下暢銷記錄，在媒體暢銷商品排行榜中也名列前茅。

沒過多久，就連女性雜誌也爭相報導，成為街頭巷尾談論的發燒話題。

Leorias 的業績急速回升，營業額也轉虧為盈。

延續 momentum 的產品概念，後續投入的襪子、鞋墊以及服飾也都創下絕佳的銷售記錄。

然而，momentum 的毛利率雖然高，但其他的品項還是維持原狀，所以公司本身獲利停滯在稍有改善的程度。

這天是期待已久而且非常重要的記者發表會。

地點在西梅田的 HERBIS HALL 宴會廳。

公司包下經常舉辦求職活動契約研討會的華麗會場。

對於沒有廣告宣傳預算的 Leorias 而言，令人不敢置信，而這也是 momentum 帶來的效應之一。

今天是眾所矚目的公司記者發表會，吸引許多媒體到場。

會場中，展示新版本的momentum。

在主持人的催促下，室伏社長出場。

「今天邀請各位前來，是為了要發表momentum品牌最新的價值提案，也就是『雕塑身材研究室』。」

室伏一說完，主題就出現在投影片上。

「我們截至目前為止都是透過momentum品牌，支援鎮日忙碌的女性族群。然而，光是這樣還不足以應付女性的各種煩惱。目前，我們已經累積五萬名女性使用者。我們開設了一個平台，用來傾聽使用者的心聲，並且應用到各種產品企劃。目前已經有很多企業洽詢，也有已經悄悄合作製作產品並且上市的案例。我們決定將這個平台開放給針對『雕塑身材』提供產品的企業以及想解決這些問題的女性。

我們的女性使用者可以在這裡吸收調塑身材相關的知識，也可以索取敝公司以外的製藥公司或美容器材廠商所提供的樣品。除此之外，還能參加有塑身效果的走路方法、飲食講座等活動。momentum品牌今後也會繼續積極地支持女性朋友。」

室伏一說完，記者們的鎂光燈就閃個不停。此時，須藤就站在社長身旁。

記者發表會結束後，在隔壁的會場舉辦Leorias品牌展示會。

會場中展示momentum的跑鞋系列『momentum：run』、在健身房鍛鍊時使用的『momentum：train』以及復刻有氧舞蹈風行時的『Leofit』鞋面製成『momentum：fit』等鞋款。

「對不知道我們品牌的人來說很新鮮，知道我們品牌的人則會感到懷念。運用新科技讓『Leofit』復活。」

清井在展示會時高聲說明。

這就是新世代的Leorias啊！須藤心想，完全是個煥然一新的公司。

在改革商業模式的流程下，催生一項產品。只要暢銷就會出現連鎖效應，帶出下一個暢銷的產品。這就是商業模式的力量啊！不只是行銷、不只是商品、不只是融資更不只是生產管理，而是集結所有的力量，決定一個方向規畫出設計圖。原來這就是商業模式……

須藤回想這兩年在Leorias工作的情形，不禁感動萬分。

改革獲利結構的理由

展示會進入中場休息時間，室伏對須藤說：

「辛苦了！終於走到今天了。你真的做得很好。」

「哪裡。阿室哥，我們終於走到今天……不，應該是說現在才正要開始！」

「是啊！須藤，你知道我為什麼要交給你改革獲利結構的任務嗎？」

「不是因為 Leorias 業績不好，而且連續好一段時間都虧損嗎？」

「當然這也是原因之一。不過，如果只是這樣的話，就不需要獲得超越經營公司的利潤對吧？」

「說得也是耶！」

「但我卻要求你不只改變產品，連獲利結構都要一起改變，而且不能耗費成本。畢竟，當時 Leorias 手上沒什麼現金。」

「是啊！」

「簡直就像是要你變魔術樣啊！」

「的確如此。」

「就是這個啊！須藤，我覺得這才是經營企業應有的樣貌。」

「經營企業應有的樣貌？」

室伏寓意深遠的一席話，讓須藤不禁面露驚訝之色。室伏接著繼續說：

「經營者為什麼會需要大量的獲利呢？其實真正的原因並非當下想大量獲利。」

「怎麼說呢？」

「經營者能用這一期的獲利去做下一期的投資。這才是真正的原因。」

「這樣啊……」須藤陷入長考。

「是的。今天如果是一家收入穩定的企業，而且下一期也沒有什麼計畫，不用賺那麼多錢其實也無所謂。我覺得如果是這樣，與其大肆獲利還不如降低銷售給顧客的價格，或者用其他服務回饋給顧客。你覺得我為什麼會想要大量獲利呢？

因為我們接下來必須投資『雕塑身材研究室』等新的事業。製造商想要開始這麼創新的投資，銀行不可能借錢給我們。如此一來，『雕塑身材研究室』的初期費用、行銷成本以及專屬人員的人事費用都只能靠 momentum 來賺。也就是說，要創新不能依靠借入資本，畢竟有很多部分我們都無法提出詳細說明。所以才要用公司內部保留的自有資本來進行。」

「原來是這樣啊！」

須藤這時候才想通一切。室伏之所以會要求不只改變產品，連獲利結構都要一起改變，就是為了之後展開新事業所用，而不是單純想大量獲利。須藤這時才了解，室伏是因為已經想到後面的路，才會給自己這個任務。

「商業活動還真是環環相扣。就算這一期經營得好，也不代表就能預測下一期的狀況。我們總是在風險與不安定的環境中奮戰，所以無論何時都要有新的嘗試，才能持續生存下去。因此，創新是必要的。Leorias之所以發展停滯、衰退、瀕臨解體危機，就是因為我們一直重複做同樣的事。顧客一直在進化，但只有我們一直維持不變。我們必須創新。為此，我們必須改變獲利結構，用自己的力量做全新的嘗試，創造出良性循環。」

「這就是企業經營。而且，獲利架構是為了下次創新而存在的。你終於能明白我的想法了。」

須藤終於有點了解什麼是企業經營。這一瞬間，須藤了解自己在現場做的事情，如果從「企業經營」觀點來看，一切都能說得通了。

〈有一天我也想成為經營者！〉

須藤第一次產生這種想法。

左右腦並用思考的始祖

展示會結束已經是傍晚。

其實，今天公司在隔壁的大阪麗思卡爾頓飯店舉辦派對。

這場派對是為了表揚這一年『momentum』的成績斐然，並且祈願公司今後發展得更好。現場邀請親近的公司同僚、平素受關照的相關人士以及員工的家屬，希望能夠加深彼此的交流。在室伏的善意邀請下，須藤的女朋友小惠也獲邀參加派對。

「雖然說我們沒有經費，但今天因為有發表會所以就特別破例，就當作是提前慶功，好好地幫momentum 助長氣勢吧！」

社長這麼說，就表示他已經豪邁地買單了。

接著登場的是片瀨教授，須藤也發了邀請函給他。

「教授，真的很感謝您。一切都是託教授的福。」

「須藤先生，千萬別這麼說。這都是因為你把知識轉化成『自己的技能』才會如此順利啊！」

「哪裡哪裡，都是因為我遇到一群優秀的夥伴。」

「那也是須藤先生『能力』之一啊！接下來的路還很長呢！」

「是的。非常感謝您。」片瀨和須藤緊緊握手，互相擁抱。

「話說回來，教授為什麼對我這麼好啊？我一直覺很不可思議……」

須藤才說到一半，室伏就出現了。

「社長，這位是西都大學的片瀨教……」

話都還沒說完，片瀨和室伏就互相擁抱。須藤滿臉疑惑。這時，室伏開口說：

「其實片瀨教授是我的戰友。」

「室伏社長，你太誇張了。」

「對吧！片瀨。」

「對啊！室伏。」

「咦！？」

2人不僅同年也是同校同學。話說回來，室伏的確也是西都大學的畢業生。教授從西都大學畢業後，直接在母校任教。2人都是網球社員，還曾經搭檔參加大學網球雙打賽。

片瀨接著說出更令人訝異的事。

「其實那本書的內容……」

「怎麼了嗎？」

「我說過左右腦並用思考法是以有能力的經營者的思考模式為基礎對吧！」

「是的，我聽您說過好幾次，書裡也有寫。」

「其實那個有能力的經營者就是室伏。」

「咦！？」須藤驚訝地連話都說不出來。

「室伏不是經營過一家創投公司嗎？我以前是那裡的顧問。當時幾乎沒有收取任何報酬，但是我得到很多新的想法，他也介紹了不少業界的人給我認識。室伏是非常優秀的創業家與經營者。我把他的思考模式套進商業模式的理論當中，就成了思考法的論述主軸，也就是那本書的主要內容。」片瀨行雲流水般地描述這一切。

什麼？原來我們商業模式研究室，只是把室伏社長的想法從外面反向輸入而已？須藤再度體認到室伏的過人之處。

「須藤，我以為你應該會發現……」室伏說。

「怎麼可能會發現啊！」

「那本書的『前言』裡，片瀨有對我致謝啊！不會吧！你該不會沒有好好讀過那本書吧？」室伏揶揄須藤。

書的確有認真讀，但是問題出在「前言」。

「我會好好反省。以後我會連前言都認真讀的。不過，實在太不甘心了啦！」須藤開玩笑地說。

「我聽片瀨說了，你到片瀨的研究室去。我聽到的時候真的很高興。我知道你是因為責任感，自動自發採取行動。我沒有要求你跟我報告進度，是因為片瀨都已經告訴我了。」

「須藤先生，真是抱歉了。」片瀨戲謔地說。

「我有一個內部消息要告訴你，那就是我們將會聘請片瀨來擔當顧問。畢竟，他是催生出『momentum』的契機。我們相信他將會為公司帶來新的可能性，所以請他來協助我們。而且，好不容易才成立的『商業模式研究室』也需要一個顧問吧？」

「須藤先生，請多指教。接下來會越來越有趣呢！我們再繼續調整下去，打造一個獨一無二的商業模式吧！」

「教授，請您多多指教！」

語畢，2人再度堅定地握手。

小惠與須藤

問候與宴會都告一段落，整個會場終於進入狀況的時候，小惠結束工作抵達會場。

「阿仁，恭喜啊！終於努力到今天了！」

「謝謝妳。一切都是小惠的功勞啊！這段時間把妳晾在一邊，對不起。」

「我沒做什麼……」

「我們請假去泡個溫泉怎麼樣？」

「好！」

會場裡，時間靜靜流逝，令人感到身心舒暢的古典樂輕輕響起。因為吵雜的問候都已經告一段落，才終於能聽見背景音樂。

「除此之外，還有驚喜喔！」

「什麼？」

「我有禮物要給小惠，妳願意收下嗎？」

「咦？什麼？該不會是……」

須藤說完先到後面的庭院去，然後抱著一個箱子回來。

「這是……什麼東西？」

那是一個滿大的箱子，打開之後……

「阿仁，這不是……」

「沒錯！就是『Roomba』！小惠妳很愛乾淨，所以我分析過了，如果三天用一次Dyson的圓筒吸塵器……」

「一點也不浪漫！真是的……」

「妳也這麼覺得？」

須藤靦腆地笑了笑，小惠也跟著笑了。此時，須藤再度開口：

「還有一個禮物。」

須藤的眼神瞬間變得認真無比，拿出一個小盒子遞給小惠。

「這是什麼？」

「小惠，生日快樂！」

盒子裡是小惠一直很想要的 Tiffany 耳環。對須藤來說是很高價的奢侈品，但想到小惠支持自己一路走來這點錢不算什麼。

「以後的日子請妳繼續支持我喔！」

「彼此彼此。」小惠輕聲說。

小惠手裡拿著小盒子微笑，石神見狀立刻大聲喊：

「喔喔喔！各位觀眾，須藤剛才求婚了！」

順著石神這句話，整個會場出現彷彿參加體育賽事般地祝福聲。

「恭喜你們！」

「不是不是，石神先生你搞錯了。」

不管說什麼聲音都被淹沒，事情已經一發不可收拾。

「果然是這樣啊！你們很相配啊！恭喜恭喜。」附近的竹越也這麼說。

「阿竹哥，不是這樣的……」

「好羨慕，我也該去找個人嫁了！」前田說。

「怎麼連妳也起鬨，就說了不是這樣……阿室大哥，你也說句話吧！」

須藤苦苦哀求，但室伏笑著回答：「須藤，就這樣決定吧！」

大家亂成一團的時候，出現拍打麥克風的聲音。

「啊！那個……」音響傳來小惠的聲音。

「大家好，我是須藤仁也的『未婚妻』小島惠。我會讓須藤幸福的！」

須藤一瞬間呆若木雞，但馬上就下定決心了。

那是小惠對須藤求婚的意思。會場內因為祝福這對新人而鬧哄哄，小惠與須藤兩人相視而笑。

勇士們的宴會就這樣持續到深夜。

解說

左右腦並用的思考框架

「獲利架構」是在商業行為中，同時使用「右腦（滿足顧客）」與「左腦（獲利）」的混合式思考能力所產生的。

「熱情（右腦）」與「冷靜（左腦）」交互使用深度思考才會產生成效。對商業行為而言，需要兩種思考方式。

然而，即便是用企管學科的理論分析，這兩種思考方式也分別屬於行銷論與財務論等不同的理論體系，因此被分化成不同的專業科目。而且，在實務上也通常也分為業務部（行銷部）與財務部等，每個部門各有自己的專業。也就是說，兩種思考模式無論在理論或實務上都清楚分割，因此對有經驗的商務人士而言，很難將兩種觀點合而為一。

能夠有效率地分析「獲利架構」的工具，就是本書中介紹的**「左右腦並用思考框架」**，此框架乃筆者自創的概念。

左右腦並用思考框架中，顧客價值放在右側而獲利置於左側，各自以三個疑問詞提出問題。這三個問題分別是**提供給誰（Who）、要提供什麼（What）、最後是如何（How）提供**。

圖表 45｜左右腦並用的思考框架

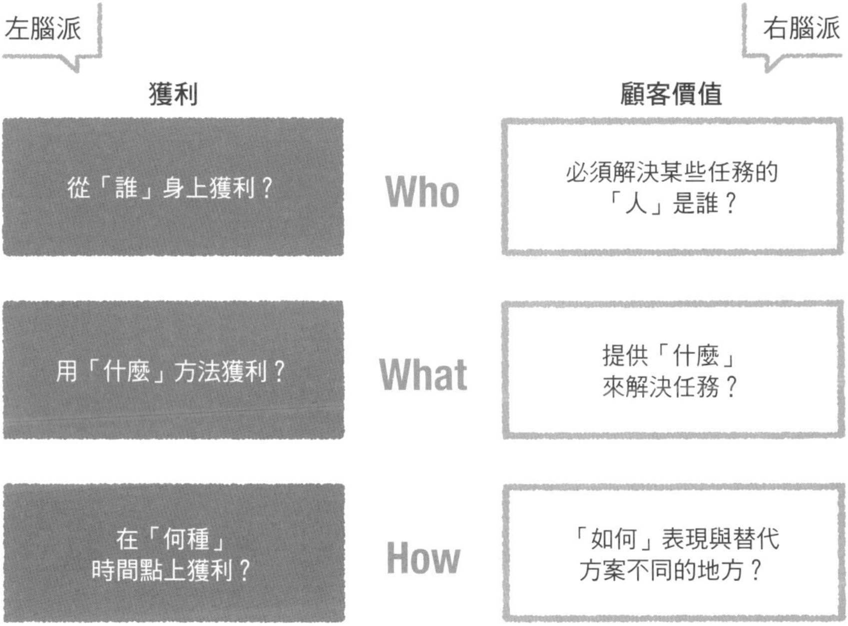

獲利		顧客價值
從「誰」身上獲利？	**Who**	必須解決某些任務的「人」是誰？
用「什麼」方法獲利？	**What**	提供「什麼」來解決任務？
在「何種」時間點上獲利？	**How**	「如何」表現與替代方案不同的地方？

Who-What-How是定義企業的要素，這三個疑問分別針對顧客價值與獲利回答，就是「左右腦並用思考框架」的特徵。

只要使用這項工具，不僅可以解析在行銷方法上成功的企業，還能了解在收費方法上取勝的企業所採用的手法。

事實上，最近的創新企業家，除了顧客價值提案以外，也推動收費的差異化，藉此在大規模競爭中搶食業界這塊大餅。

許多的商務人士都會側重右腦或左腦思考模式。然而，有能力的經營者都是採混合式思考。他們在思考顧客價值時，也會一併思考企業價值（獲

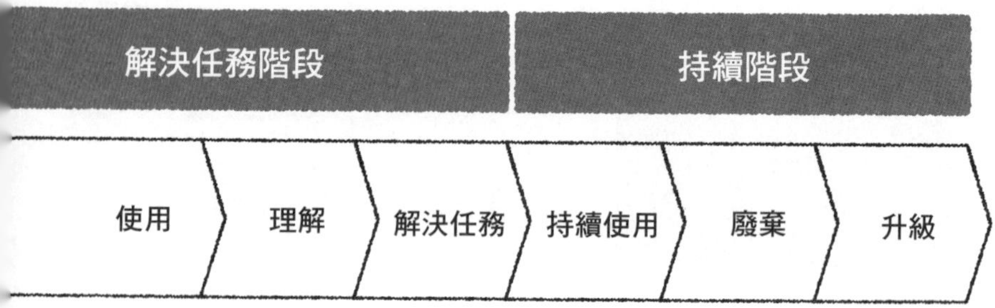

利）。

若能以左右腦並用思考框架設計企業，或許就能突破以往的限制。

或許在顧客價值上已經無計可施，但只要用心改變收費方法或獲利模式，就能建構新的商業行為。

相反地，如果已經無法再靠成本競爭，那麼轉而從顧客價值的角度來思考，也可能發現提升價格或新的獲利來源。

因此，了解這項工具最快的方法就是請大家拿出目前有興趣的產品或服務，練習以左右腦並用思考框架徹底分析。

未解決的任務必須視覺化：活動鏈

與其說「顧客任務」重要，不如說從目

圖表 46 **顧客活動鏈**

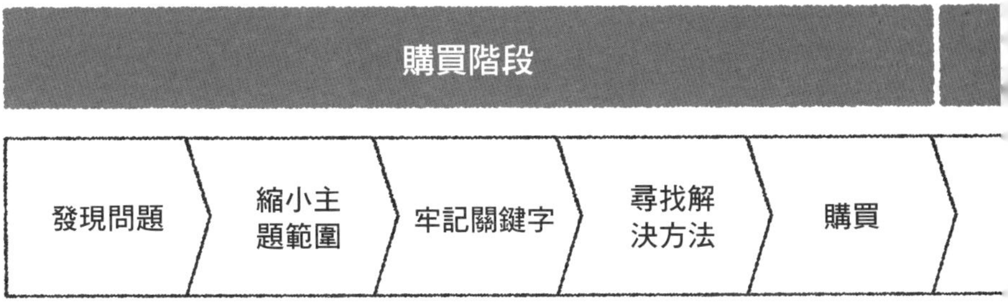

前的方案中挖掘出尚未解決的任務才更重要。觀察顧客任務時，如果發現有許多未解決的項目，那就表示其中暗藏巨大的商機。

重點在於**關注「顧客無法完全解決的任務」**。也就是說，雖然我們必須注意「顧客任務」，但更重要的是「**顧客尚未解決的部分**」。

話雖如此，在毫無頭緒的狀態下觀察顧客的確很困難。所以，我們需要利用能夠幫助有效觀察、分析工具——「**顧客活動鏈**」。

要確認顧客是否尚未解決任務，與其觀察產品本身，不如觀察產品周邊事物。觀察時，可沿著購買、解決任務、持續使用等三個階段進行。

解決任務階段			持續階段		
閱讀（了解思考方式）	理解	在工作現場嘗試	持續嘗試	加以應用	內化為自己的技能
●	○				
●	○				
●	●				
		●	●	○	
●	●	●	●	●	●

最重要的一點，就是**完全站在顧客的立場思考**。

從購買到使用、使用後這一連串的流程，都必須站在顧客的角度思考。

能夠俯瞰這一連串活動的工具，就是顧客活動鏈。

截至目前為止所介紹的內容，都是創造顧客價值時的重點。實際上，負責行銷的須藤走到這裡也碰到不少挫折。無論怎麼分析現狀都沒辦法理出頭緒。這項工具的特點就在於碰到瓶頸時，能夠幫助你轉換角度，重新審視已經成熟的產品與業界。

收費範圍

顧客活動一旦明朗化，接下來就必須確

圖表 47 Business model・coverage

	購買階段				
	企業發現問題	縮小主題範圍	牢記關鍵字	尋找解決方法	買書
商業書籍					●
演講					
公開課程					
研習					
顧問					
MBA					
主題資訊	○	○	○	●	

定要使用什麼產品或服務，去解決哪個部分的任務。

關於這個部分，我介紹了「Solution・coverage」的思考方法。

這種思考方法是以活動鏈為基礎，清楚分析出尚未解決的顧客任務。做法非常簡單，只要在活動鏈下方列出業界當中有誰提供解決方案，接著再畫上○做記號。

如此一來，就能知道在哪個階段出現未解決的任務，也能發現其他的企業針對同樣的活動，致力解決哪些問題。也就是說，○越多的活動就表示現在已經過度競爭。而且，這項活動通常就是「購買」。

你會發現企業把收費時間點稍微挪移，這就是能夠同時理解收費與解決方案的「Business model・coverage」。

圖表47是假設商業書籍讀者為顧客的收費範圍。商業書籍本身雖然是以「顧客買書」在競爭，但讀者並不是想要這本書，而是想「解決商業上的問題」。從這個角度發想的話，替代方案就有很多種。本書也面臨一樣的情形，讀者購買商業書籍以後，似乎還是能找到很多解決方案與收費方法。

若是照這個順序思考，就能產生新的商業模式要素。你只要動筆寫下來，就能完成左右腦並用思考框架。

最重要的是，必須一開始就把現在的企業狀況以左右腦並用思考框架整理出來。就像須藤那樣，先用這個框架分析市場上的各種產品與服務。這些訓練勢必能拓展各位的視野。

請各位運用本書介紹的工具，為您的企業帶來創新的力量。

其實，接下來各位還必須建構合理的創新改革流程。目前在企業中有工作經驗的讀者，應該早就對於顧客價值與獲利以及整體商業行為有所了解。然而，對目前想從零開始建立企業的人而言，建構流程是非常重要的元素。

關於這一點，在拙作《創造獲利架構的教科書》（譯註：目前尚無中文版，書名為暫譯。原文書名為《設ける仕組みをつくるフレームワークの教科書》）當中有所論述，有興趣的讀者還請參詳。

Markides, C.C.【2008】.Game-Changing Strategies. John Wiley & Sons.
Maurya, A.【2012】Running Lean：Iterate from Plan A to Plan That Works.O'Reilly Media(角征典訳【2012】『Running Lean―実践リーンスタートアップ』オライリージャパン）.
Mullins, J. and R. Komisar【2009】Gatting to Plan B：Breaking Through to a Better Business Model. Harvard Business School Press(山形浩生【2011】『プランB　破壊的イノベーションの戦略』文芸春秋）
Ries, E.【2011】The Lean Startup:How Today's Entrepreneurs Use Coninuous Innovation to Create Radically Successful Businesses. Crown Business（井口耕二訳【2012】『リーン.スタートアップ　ムダのない起業プロセスでイノベーションを生みだす』日経ＢＰ社）
Slywotsky, A. J. and D. J. Morrison【1997】The Profit Zone: How Strategic Business Design Will Lead You to Tomorrow's Profits（恩蔵直人.石塚浩訳【1999】『プロフィット.ゾーン経営戦略　真の利益中心型ビジネスのへの革新』ダイヤモンド社）
Slywotsky, A. J.【2002】The Art of Profitability. Mercer Management Consulting（野木直治子【2002】『ザ.プロフィット　利益はどのように生まれるのか』ダイヤモンド社）
Vogel, H. L.【2011】Entertainment Industry Economics: A Guide for Financial Analysis. 8th ed. The Press of the University of Cambridge（助川たかね訳【2013】『ハロルド.ヴォーゲルのエンタテイメント.ビジネス　その産業架構と経済.金融。マーケティング』慶応義塾大学出版会）
DIAMOND ハーバードビジネス.レビュー編集部訳【2007】『T.レビット　マーケティング論』ダイヤモンド社
川上昌直【2003】「ハリウッド映画ビジネスに見るリスク.マネジメントの特徴」『商学論集』71 巻 4 号:59-76
川上昌直【2005】「戦略リスク.マネジメントによる映画ビジネスの日米比較」『国際ビジネス研究学会年報2005』:269-281
川上昌直【2011】『ビジネスモデルのグランドデザイン　顧客価値と利益の共創』中央経済社
川上昌直【2013】『儲ける仕組みをつくるフレームワークの教科書』かんき出版
川上昌直【2013】『課金ポイントを変える利益モデルの方程式』かんき出版
白根英昭(2010)「エスノグラフィック.マーケティング」『DIAMOND.ハーバード.ビジネスレビュー』2010 年 10 月号
滝山晋(2000)『ハリウッド巨大メディアの世界戦略』日本経済新聞社
【URL】
http://eiga.com/news/20130620/6/
http://wired.jp/2012/05/28/tell-jabba-ive-got-his-money-star-wars-revenue-throughout-our-galaxy/
http://www.huffingtonpost.jp/2013/09/27/kankore-business_n_4001827.html
http://www.nikkei.com/article/DGXNASFK17037_X10C14A6000000/?df=3209

参考文獻

Abell, D. F.【1980】Defining the Business: The Starting Point of Strategic Planning. Prentice Hall（石井淳蔵訳【1984】『事業の定義　戦略計画策定の出発点』千倉書房）
Anderson, C.【2009】Free: The Future of a Radical Price. Hyperion（小林弘人監修. 高橋則明訳【2009】『フリー　＜無料＞からお金を生み出す新戦略』日本放送出版協会）
Besanko, D., D. Dranove, M. Shanley【2002】Economics of Strategy 2nd Edition John Wiley & Sons（奥村昭博. 大林厚臣監訳【2002】『戦略の経済学』ダイヤモンド社）
Brandenburger, A. M. and H. W. Stuart【1996】Value Based Strategy. Journal of Economics & Management Strategy.5-1:5-24
Christensen, C. M. and M. E. Raynor【2003】The Innovator's Solution.Harvard Business School Press（玉田俊平太監修. 桜井裕子訳【2003】『イノベーションへの解　利益ある成長に向けて』翔泳社）
Drucker , P.【1954】The Practice of Management. Haper（上田惇生【2006】『現代の経営　上.下』ダイヤモンド社）
Eisenmann, T., G. Parker and M. W. Van Alstyne【2006】Strategies for Two-sided Markets. Harvard Business Review. Otc:92-101（松本直子訳【2007】「ツー. サイド. プラットフォーム戦略」『DIAMOND ハーバードビジネス』7 月号:48-81）
Hagiu, A. and D. B. Yoffie【2009】What's Your Google Strategy Harvard Business Review. April:74-81（二見聰子【2009】あなたの会社の『グーグル戦略』を考える『DIAMOND ハーバードビジネス』8 月号:22-33）
Hart, C. W.【1998】The Power of Unconditional Service Guarantees. Harvard Business Review. Jul-Aug:74-81（編集部訳【2004】「サービスの 100%保証システム」『DIAMOND ハーバードビジネス』6 月号:96-109）
Johnson, M. W., C. M. Christensen and H. Kagermann【2008】Reinventing Your Business Model. Harvard Business Review. Dec:50-59（関美和訳【2009】「ビジネスモデル. イノベーションの原則」『DIAMOND ハーバードビジネス』4 月号:40-56）
Johnson, M. W.【2010】Seizing the White Space. Harvard Business School Press.（池村千秋訳【2011】『ホワイトスペース戦略　ビジネスモデルの＜空白＞をねらえ』阪急コミュニケーションズ）
Kotler, P.【2000】Marketing Management: Millennium Edition, 10th ed. Prentice-Hall（恩蔵直人監訳. 月谷真紀訳【2001】『コトラーのマーケティング. マネジメント　ミレニアム版』ピアソン. エデュケーション）
Lafley, A. G. and R. Charan【2008】The Game Changer: How Every Leader Can Drive Everyday Innovation. Crown Business（斉藤聖美訳【2009】『ゲームの変革者ーイノベーションで収益を伸ばす』日本経済新聞出版社）
Magretta, J.【2001】What Management Is: How it works and why it's everyone's business. Harvard Business School Press.
Markides, C. C.【2000】All the Right Moves: A Guide to Crafting Breakthrough Strategy. Harvard Business School Press.（有賀裕子訳【2000】『戦略の原理　独創的なポジショニングが競争優位を生む』ダイヤモンド社）

INDEX

A ⇒ Z

Business plan —— 31
Business model · coverage -224,263,339
B 計畫 —— 202
Who-What-How —— 69,75,116,334
WTP（Willingness to pay）—— 44
Solution · coverage —— 216,339

依照首字筆劃順序排列

一起工作 —— 113
一起生活 —— 113
九宮格填表法 —— 118
大數據 —— 277
支付意願（WTP）—— 44
左右腦並用的思考法 —— 108
左右腦並用的思考框架 —— 68,71,334
打造品牌價值 —— 282
四格商業模式 —— 118
民族誌行銷法 —— 114
收費範圍 —— 221
收費區塊 —— 243
印表機與墨水 —— 172
未解決的任務 —— 206,336
自有資金 —— 34
行為觀察行銷法 —— 114
企業的目標 —— 213
成本領先戰略 —— 154
免費增值模式 —— 178
刮鬍刀與刀頭 —— 172
直接內部輔助模式 —— 184
事業單位 —— 244
流程 —— 32
降格效果 —— 247
借入資金 —— 34
差異化戰略 —— 154
第三方市場 —— 176
商業計畫 —— 31
商業模式 —— 27,30,33,104
商業模式圖 —— 117
商業模式思考 —— 32,154
植入型獲利模式 —— 184
價值保證 —— 287,289,297
邁克爾 · 波特 —— 154
獲利革命 —— 4
獲利 —— 32,116
獲利架構 —— 28,35,68,334
獲利模式索引 —— 184,186
獲利方程式 —— 121
競爭戰略論 —— 154
顧客任務 —— 59,74,112,336
顧客的目標 —— 213
顧客活動鏈 —— 210,259
顧客價值 —— 34,44,116
顧客價值提案 —— 57,60

川上昌直

兵庫縣立大學企管系教授・企業管理博士

1974年出生的大阪人。
2001年於神戶商科大學研究所取得企業管理學博士學位。
同年，任福島大學企管系助理教授（因職稱制度變更，改稱副教授）。
2008年開始於兵庫縣立大學任企管系副教授，2012年升為教授。
第一本單獨出版的著作《商業模式的基礎設計——顧客價值與共創利益》（中央經濟社）榮獲2013年日本公認會計士協會第41回學術獎（MCS獎）。
其他尚有《創造獲利架構的教科書》、《改變收費區塊——獲利方程式》（以上由KANKI PUBLISHING INC.出版）《先找出大雄！》（翔泳社出版）等作品（書名皆為暫譯）。

http://wtp-profit.com

職場進修系列叢書

1 小時讀懂 稻盛和夫
15X21cm　　192 頁
套色　　定價 280 元

「理念」與「熱忱」比能力還重要

先當好一個「人」，才能當好一個「生意人」！

36 句早知道就賺翻的黃金語錄，解開日本經營之聖的成功祕密！

被評選為日本最優秀的企業管理者．稻盛和夫告訴你何謂「稻盛哲學」？

針對想要快速變成專業的商務人士、沒時間看書、只想藉由圖片來理解，甚至只想從重點下手閱讀的人，本書利用淺顯易懂和圖文並茂的方式，一小時快速了解「稻盛哲學」。

從「京瓷理論」、「變形蟲式經營」，再到「JAL 的重建」，所有的商務原則，全都集結在此。稻盛和夫認為：①一切的基礎在於人之「正道」②比起能力、理念以及熱忱更能決定企業的未來。身為經營者，非看不可！

學習稻盛和夫並不會成為稻盛和夫。只要以稻盛的教誨為基礎，加上自己的創意與巧思，每個人都有可能成為「超越稻盛和夫的經營者（商務人士）」。這也是「絕世僅有的名經營者」稻盛和夫的心願。

瑞昇文化　http://www.rising-books.com.tw
＊書籍定價以書本封底條碼為準＊
購書優惠服務請洽：TEL：02-29453191 或 e-order@rising-books.com.tw

職場進修系列叢書

向星巴克 CEO 學領導

15X21cm　272 頁
單色　定價 250 元

★本書作者曾擔任三家企業的社長。

★四年將營業額擴增一倍，連續 3 季經營轉虧為盈。

★獲選為 UCLA 商學院「100 Inspirational alumni」百大激勵人心校友！

七大原則告訴你，只要掌握員工的心，成為一流的經營者不再只是空想！

曾擔任三家知名企業 CEO 的岩田松雄，親自傳授所有經營者的 41 條鐵則！書中不會出現任何劃世代，甚至嶄新的詞語，因為作者極力推崇，所謂「往後的經營」，就是回到與新概念完全相反的「原理」及「原則」，並且去探究經營的「本質」。經營當中，最重要的就是「人事」。作者更不諱言，對於人事，是投資而非無謂的經費支出；不必制定詳細規則，培養員工獨立思考能力，造就不凡企業！頂尖經營者們有志一同的想即是，比起能力，「人品」永遠是最優先的考量！作者也擁有同樣的堅持，並且對於採用年輕新血一事，有一定的堅持！

所有你一定聽過卻未必會付諸行動的鐵則，現在岩田松雄教你實踐！是經營者的必須要看！想成為經營者的更是非看不可！領導不再是難事！

PROFILE

川上昌直

兵庫縣立大學企管系教授・企業管理博士

1974年出生的大阪人。
2001年於神戶商科大學研究所取得企業管理學博士學位。
同年，任福島大學企管系助理教授（因職稱制度變更，改稱副教授）。
2008年開始於兵庫縣立大學任企管系副教授，2012年升為教授。
第一本單獨出版的著作《商業模式的基礎設計——顧客價值與共創利益》（中央經濟社）榮獲2013年日本公認會計士協會第41回學術獎（MCS獎）。
其他尚有《創造獲利架構的教科書》、《改變收費區塊——獲利方程式》（以上由KANKI PUBLISHING INC.出版）《先找出大雄！》（翔泳社出版）等作品。

http://wtp-profit.com

TITLE

獲利革命 商業模式雙贏法

STAFF

出版	瑞昇文化事業股份有限公司
作者	川上昌直
譯者	涂紋凰
總編輯	郭湘齡
責任編輯	莊薇熙
文字編輯	黃美玉　黃思婷
美術編輯	謝彥如
排版	曾兆珩
製版	明宏彩色照相製版股份有限公司
印刷	桂林彩色印刷股份有限公司
	紘億彩色印刷股份有限公司
法律顧問	經兆國際法律事務所　黃沛聲律師
戶名	瑞昇文化事業股份有限公司
劃撥帳號	19598343
地址	新北市中和區景平路464巷2弄1-4號
電話	(02)2945-3191
傳真	(02)2945-3190
網址	www.rising-books.com.tw
Mail	resing@ms34.hinet.net
初版日期	2016年8月
定價	280元

國家圖書館出版品預行編目資料

獲利革命 商業模式雙贏法 / 川上昌直作 ; 涂紋凰譯. -- 初版. -- 新北市 : 瑞昇文化, 2016.07
352　面 ; 14.8 X 21　公分
ISBN 978-986-401-108-7(平裝)

1.商業管理 2.創造性思考 3.個案研究

494.1　　105010639

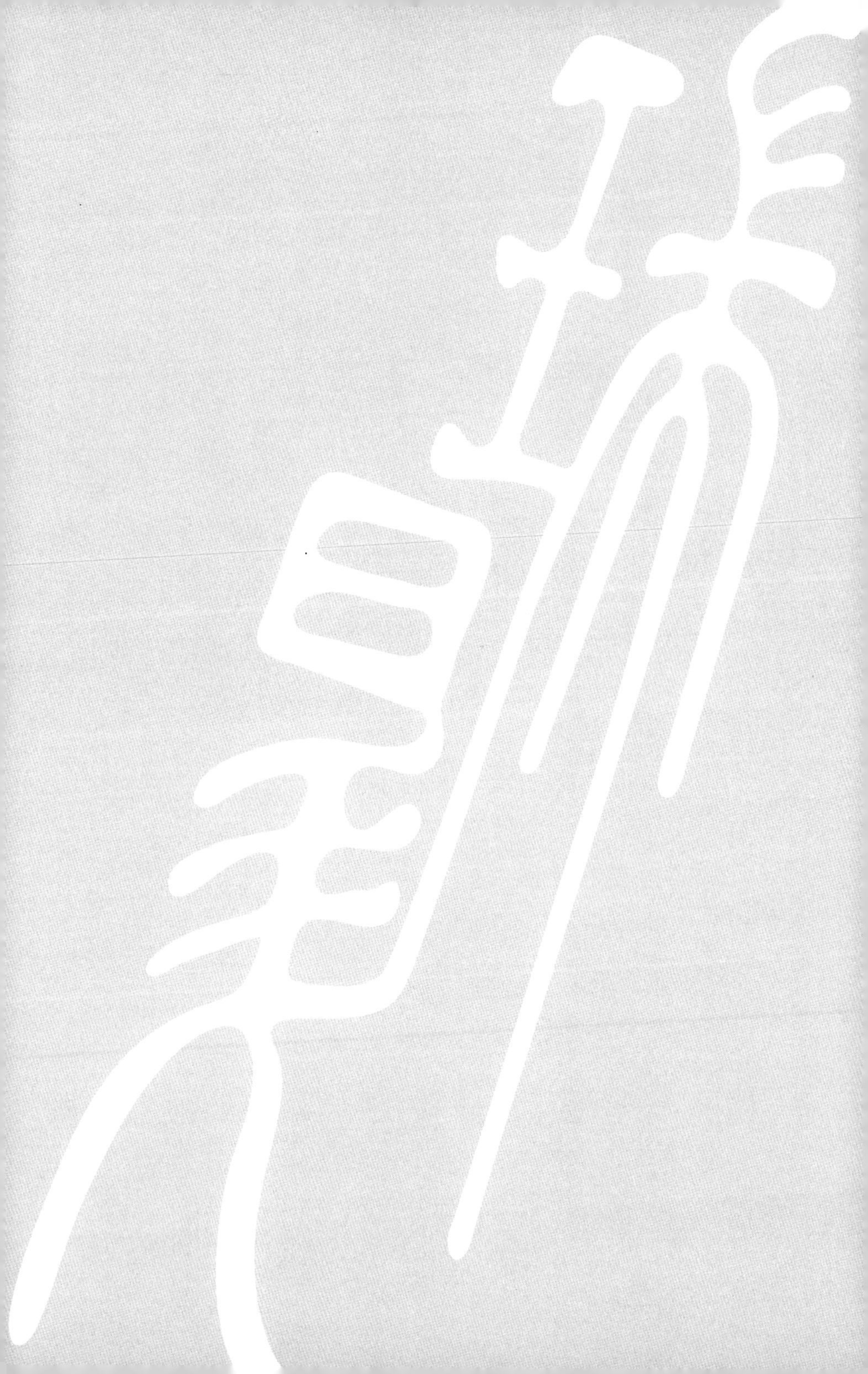